城市大气污染健康经济损失及补偿机制研究

陈　煜　方　娴　著

西北工业大学出版社

西安

【内容简介】 本书共分8章,第1章为背景资料,梳理近30年来学者在相关领域的研究成果;第2章为概念的界定,对本书中的相关概念进行界定并梳理相关理论基础;第3章为大气污染造成健康损失的理论构建,对指标的选择、模型选用和研究结果中可能出现的偏移进行理论分析;第4章为城市大气污染健康经济损失测算,综合利用多种模型测算乌鲁木齐市大气污染对患有心血管疾病、呼吸系统疾病人群所造成的健康风险和健康损失;第5章为基于能源-环境情景模拟的大气污染健康风险预测,预测能源消费在高、中、低三个情景模式下的健康经济损失值;第6章为健康损害补偿机制的构建,提出大气污染所致健康损害的主体、客体、目标定位、实现框架等;第7章为相关政策建议;第8章为总结本书中的研究所存在的不足与下一阶段研究方向展望。

本书所有章节均带有一定前沿性和应用性,适合政府相关部门、同行学者、高等院校相关专业研究生和科研人员参考阅读。

图书在版编目(CIP)数据

城市大气污染健康经济损失及补偿机制研究 / 陈煜,方娴著 . — 西安 : 西北工业大学出版社,2021.10
ISBN 978 - 7 - 5612 - 8013 - 3

Ⅰ.①城… Ⅱ.①陈… ②方… Ⅲ.①城市空气污染-补偿机制-研究-中国 Ⅳ.①X51

中国版本图书馆 CIP 数据核字(2021)第 211172 号

CHENGSHI DAQI WURAN JIANKANG JINGJI SUNSHI JI BUCHANG JIZHI YANJIU
城 市 大 气 污 染 健 康 经 济 损 失 及 补 偿 机 制 研 究

责任编辑:朱辰浩	策划编辑:张　晖
责任校对:胡莉巾	装帧设计:李　飞

出版发行:西北工业大学出版社
通信地址:西安市友谊西路 127 号　　邮编:710072
电　　话:(029)88491757,88493844
网　　址:www.nwpup.com
印　刷　者:西安五星印务有限公司
开　　本:787 mm×1 092 mm　　1/16
印　　张:9.375
字　　数:246 千字
版　　次:2021 年 10 月第 1 版　　2021 年 10 月第 1 次印刷
定　　价:48.00 元

如有印装问题请与出版社联系调换

前　言

随着我国经济的飞速发展,以及城市化进程的不断加快,大气污染问题日益严峻,由此导致的城市居民健康损害问题也日益受到了相关专家学者的高度重视。改革开放 40 余年来,我国经济持续增长,而这一过程很大程度上依赖于对能源和资源的过度消耗以及对环境和生态的严重破坏,环境污染特别是城市空气污染对人类健康造成的严重威胁和巨大经济损失已经受到了广泛关注。在过去的40 多年中,中国城市数量从 1978 年 193 个增加到 2019 年的 337 个,城市化率从1978 年的 17.9% 增长到 2019 年的 60.6%,预计到 2030 年中国城市化率将会达到70% 以上,城市总人口将达到 10.7 亿。伴随着城市人口不断增多,以及其本身较强的政治和经济实力,城市逐渐在中国社会中占据主导地位,被认为是地方部门和省级政府等机构中最适合实施综合卫生政策的实体。同时,权力下放使中国城市不仅在经济发展方面,而且在环境治理方面都具有自治权。然而,由于省级以及城市基准死亡率的数据存在缺失,城市尺度的健康效应研究尚较为稀缺,且目前大多数针对中国城市污染物健康效应的研究使用的是国家级或者省级基准死亡率,这样的评估方法会在很大程度上忽略城市之间的差异,难以针对城市给出具有针对性的政策建议。因此,利用城市本地化的数据定量研究中国城市大气污染对人体健康的影响效应,可以获得精准度更高的研究数据,并为相关污染治理措施和公共补偿机制提供更为精准的理论依据和政策建议。

随着现代城市经济的发展、石化燃料的大量使用以及机动车保有量的急剧增加,城市大气环境通常处于高污染状态。在燃煤型空气污染问题尚未彻底根治的同时,又需要面对空气污染的类型变化,这些给提高城市空气质量带来了巨大压力。根据《2019 中国生态环境状况公报》,2019 年,全国 337 个地级及以上城市中,180 个城市环境空气质量超标,占全部城市数的比例高达 53.4%,337 个城市累计发生重度污染 1 666 天、严重污染 452 天。为了应对空气污染及其对公众健康的危害,国务院以及地方各级政府先后颁布了多项治理空气污染的政策措施。2013 年 9 月国务院正式发布了《大气污染防治行动计划》,其中明确提出了到2017 年全国与重点区域空气质量改善目标,以及配套的 10 条 35 项具体措施,从国家层面上对城市与区域大气污染防治进行了全方位、分层次的战略部署。2016

年施行的《中华人民共和国大气污染防治法》进一步明确规定,对大气环境质量、大气污染物排放标准的执行情况应当定期评估(第十二条),并根据评估结果对标准适时进行修订。2017年,在习近平同志的《决胜全面建成小康社会 夺取新时代中国特色社会主义伟大胜利》(在中国共产党第十九次全国代表大会上的报告)中也明确提出"建设生态文明是中华民族永续发展的千年大计"。

长期生活在空气污染的环境下,对公众健康的负面影响已经有确切的论证。2016年9月27日,世界卫生组织发布了空气污染全球评估报告,即《空气污染:对污染暴露及其疾病负担的全球评估》。该报告依据新空气质量模型证实,世界上92%的人口生活在空气质量水平超过世界卫生组织限值的地区。每年约有300万例死亡与暴露于室外的空气污染有关。相关领域专家已明确表示,空气污染不只会对呼吸系统,也会对心血管、脑血管和神经系统产生影响。从影响范围来看,空气污染对公众的危害是相当普遍的,而"非典"只影响一部分人。北京2000—2010年间患肺癌人数增加了60%,而空气污染是一个非常重要的原因。从持续时间来看,空气污染是持久存在的,因此其危害也是持久存在的,而"非典"顶多是几年。以雾霾为主的空气污染带来的潜在健康损害不但会使公众患上咽炎、鼻炎或者眼睛方面的疾病,从更长远的角度考虑,将对公众的身心健康造成更大、更持久的危害。正因为如此,空气污染治理必须以保障公众健康为中心目的。

近年来,大量的流行病学研究已经从多个角度证明了不同大气污染物对人群健康造成的影响,但研究大都在关注某种大气污染物浓度变化与某疾病发生率的相关关系方面,从经济学角度针对大气污染造成的人类健康损失及补偿机制构建的研究尚不多见。事实上,大气污染对城市居民健康造成的严重后果已经影响到了居民的生存质量和生活水平,但现阶段大气污染导致人群患病、伤残和死亡所带来的高额经济负担尚未受到关注。因此,测算大气污染对地区居民造成的健康损失,并在此基础上探讨如何通过法律手段构建健康补偿机制,以及结合地区经济发展对不同能源消费结构模式可能对居民健康产生的威胁进行预测,为下一阶段科学制定能源消费政策,进而为地区经济增长模式转变和大气污染的治理提供可借鉴的政策建议具有重大的理论和现实意义。

本书从大气污染对城市居民健康造成的损害入手,借助于可持续发展理论、环境流行病学理论、环境毒理学理论、健康成本效益理论,并综合运用文献分析法、meta分析、暴露反应函数、LEAP模型构建大气污染与人群健康的数量关系模型,以乌鲁木齐市为例重点分析主要大气污染物对健康造成的影响,并对不同能源消费情景下的城市居民健康风险进行预测。研究内容主要体现在以下几方面:①全面回顾国内外有关空气污染与健康终端危害暴露反应关系研究、大气污染与经济发展关系、能源消费对大气污染的影响、健康风险价值评估等方面的相关文献,梳理国内外研究方法、研究热点及研究趋势。②对大气污染、健康效应、健康风险以及生态补偿的概念加以界定,借助于可持续发展理论、环境流行病学理论以及健康成本效益理论针对大气污染对人体所产生的不利影响进行分析,并从健康损害机制以及健康评价机理两方面揭示大气污染对人体健康所产生的巨大危害。③构建大气污染造成的健康经济损失测算体系。大气污染健康损害的指标体系庞大复杂,为了科学合理地选择指标和分析指标反映出来的信息,就需要运用综合评价的方法。本书结合研究项目的可行性和数据的可获得性对污染物、阈值、效应终端、测算方法以及可能产生的不确定性进行全面阐述。④以乌鲁木齐市为例,对大气污染监测数据、气象数据、居民健康相关数据进行收集与整理,对城市大气污染现况进行统计描述,运用 GAM 模型对大气污染物与健康效应终端关系进行梳理,并进一步运用人力资本法、疾病成本法对具体健康损失进行测算。⑤设计基于能源-环境情景模拟的居民健康风险预测。依据《乌鲁木齐市城市能源发展规划》设定城市能源消费高、中、低 3 个情景,对不同能源消费情景下的城市居民呼吸道疾病死亡和心血管疾病死亡风险进行预测。⑥从改善城市大气污染状况、维护城市居民健康的角度提出制定大气污染源控制策略和建立居民健康补偿机制的具体建议,并给出相应的政策保障机制,以期为下一阶段科学制定能源消费政策进而为地区经济增长模式转变和大气污染的治理提供可借鉴的政策建议。

虽然早在 20 世纪 60 年代就开始了空气污染的健康效益评价研究,且之后关注到了与之有关的疾病给人群带来的经济负担,但是专门针对城市居民大气污染健康经济损失补偿机制的研究尚处于空白阶段,对补偿制度的建立和补偿资金的合理配置等问题还需要更深一步的探讨。本书是国家自然科学基金项目"城市居民大气污染健康经济损失评价及补偿机制研究(项目编号:71764032)"的成果,撰写思路是通过构建健康效应模型,测算大气污染造成的城市居民健康经济损失,揭示大气污染与城市居民健康状况的相关关系,尝试估算居民由大气污染所导致的疾病负担,并在此基础上结合现有医疗保障系统构建健康补偿机制,为大气污染城市居民健康补偿政策与法规的制定提供决策依据和治理模式。本书的研究目标是在充分估算城市空气污染所致人群疾病经济负担的基础上,对大气污染与城市居民健康方面的研究进行系统的梳理,对补偿主体、补偿标准、补偿期限、补偿方式和补偿客体等进行进一步的考量和界定,并在此基础上提出城市空气污染治理对策,为城市空气污染治理提供科学支撑。

本书第 1、3、4、6、8 章由陈煜负责撰写,第 2、5、7 章由方娴负责撰写。

撰写本书曾参阅大量文献、资料，在此谨向其作者表示感谢。

本书受数据可得性等客观因素制约，研究结果尚存在一定的不确定性，部分观点的提出受大气污染防治复杂性和研究人员水平的限制，难免存在疏漏、偏颇之处，恳请各位同行及相关专家和读者批评、指正。

著　者

2021 年 7 月

目　　录

第1章 绪 论

1.1 选题背景和研究意义

1.1.1 选题背景

大气污染是指由自然过程或人类活动引起的某些物质进入大气层,呈现出足够的浓度,达到了足够的时间,并因此影响人体的舒适、健康和福利或带来的环境危害。这些物质被称为大气污染物。在这个定义中至少包括了3层含义:①某些物质进入大气层,这些物质是新进的,属于增量;②这些物质的总量达到了一定的浓度;③这些物质达到浓度且存留的时间足够长,足以对人群和环境产生显著的负面影响。具备了这3个条件就叫大气污染,简单地说,就是向大气层中排放的有害物质过多,并对人体和环境产生了不可忽略的负面影响。随着城市化和工业化进程的加快,大气污染尤其是城市中的大气污染状况日趋严重,已然成为公然挑战人类生存环境的全球性社会公害。自20世纪中晚期环境问题开始进入人们的关注视野以来,过度的资源开发和不合理的能源消费所造成负面影响逐步显现,大部分工业发达国家已为此付出了沉重的代价。

伴随着经济工业化进程的加快,我国的生态污染问题日益浮出水面。当前,很多城市的大气污染物排放量已经达到了临界点,这不仅深刻地影响着居民的生活质量和社会生产,而且意味着粗放型的经济发展方式已经难以为继,大气污染已然成为危害人类生存的健康杀手。在大气污染对人类所造成的危害中,影响面最大、后果最为严重的效应为人类健康效应。有数据显示,现阶段人类排放到大气中的颗粒物多达 1×10^8 t/年,恶化的空气质量直接危害着城市居民的身体健康。世界卫生组织报告指出,目前全世界约有16亿人口正在遭受城市大气污染的影响,每年有几十万人因此过早死亡,几十万人患各类急性和慢性疾病,除了受大气污染物直接影响的呼吸系统以外,人的免疫系统、心脑血管系统和神经系统均会产生不同程度的损伤。根据世界卫生组织在2002年所做的估算,世界范围内因城市空气污染造成的死亡人数约为80万人/年,世界人口总健康寿命减少约460万年;根据美国癌症协会的研究显示,空气中的细颗粒物浓度每升高 $10\ \mu g/m^3$,总死亡率、肺心病死亡率、肺癌死亡率的危险性分别增加4%、6%和8%。大气污染不仅仅影响现在生存人口的健康,对怀孕期的妇女和胎儿也存在较大的危害,很可能是造成胎儿畸形的危险因素之一。根据中国科学院提交的一份关于我国环境与健康的研究报告也显示,75%的慢性病与生产和生活过程中产生的废弃物污染有关。近年来,人们出行频率和私家车保有量的增加、工厂企业废气的大量排放使得大气污染情况日趋严重。大气污染不仅会影响植物的生长并对气候造成破坏,一些污染物还会侵入人体呼吸道、肺部和心血管系统,造成各种疾病并严重危害人体健康。其中经流行病学研究证明,可吸入颗粒物(PM_{10})可对人体健康造成多种伤害,且影响显著。美国健康效应研究所发布的《2019全球空气状况》中指出,2017年全球受害于大气污染的人数近500万,且人数还在继续上升,其中中国受污染人数高达120万,由此造成的健康成本和经济损失尚不可估计。鉴于此,世界卫生组织内的多个国家均对本国制定了严格的能源气体排放标准,以控制现阶段日趋恶化的大气污染情况和人群健康水平。

改革开放40余年来,我国经济持续增长,而这一过程很大程度上依赖于对能源和资源的过度消耗以及对环境和生态的严重破坏。联合国计划署在2006年公布的发展报告中已经将中国列为经济高速增长和环境高度污染的发展中国家。"十一五"期间,以单位GDP能耗计算,我国的每百万美元能耗比当时世界的平均水平高2倍,比美国、欧盟成员国、日本分别高3倍、5倍、8倍。同时,我国的机动车尾气排放量也占到全世界机动车尾气排放总量的1/4。同期世界银行的一项关于世界不同国家部分城市发展阶段的研究报告也提及,中国部分一线和二线城市中大气悬浮颗粒和二氧化硫的浓度已经超出了世界卫生组织推荐的健康浓度标准的3倍。公众环境研究中心在2011年12月发布报告,提出有必要沿着监测发布、预警应急、识别污染源和重点减排的次序,一步步向蓝天目标迈进。近年来,由于我国能源消耗的不断增加以及大、中型城市机动车保有量的不断上涨,导致了城市大气污染综合指数的不断攀升。现阶段我国的大气污染类型已经由单纯煤烟型逐步向煤烟和机动车尾气混合型转变。2013年,中国城市大气污染问题引发了社会更加广泛的关注,多地频繁遭遇雾霾侵袭,尤其是人口密集的京津冀以及山东、河南省部分地区的雾霾常常连日不散,而东北和长三角地区爆发的重度雾霾也对当地造成了严重影响。自2013年起,各直辖市、省会城市、计划单列市和京津冀、长三角、珠三角区域内的地级以上城市共74个城市,开始执行新的《环境空气质量标准》(GB 3095—2012),并按《环境空气质量指数(AQI)技术规定(试行)》(HJ 633—2012)发布环境空气质量指数(AQI)。截至2014年1月2日,共有179个城市开始了空气质量信息的实时公开,居民们通过电脑甚至手机就可以了解空气质量的实时数据。2015年公布的《中国环境发展报告》中指出,当年我国国民生产总值为51.93万亿元,仅占世界的10.48%,然而却消耗了世界60%的水泥、49%的钢铁和20.3%的能源,CO_2排放量占全球25%,能耗强度仍是世界水平的2.3倍。

自大气污染引发的严重不良后果进入公众视野以来,我国发布了一系列治理和整顿措施,2013年国务院率先发布了《大气污染防治行动计划》(即"大气10条"),提出要加快重点行业的脱硫、脱硝和除尘工程建设的改造,要加快淘汰落后的产能,要加快调整能源的结构等节能减排措施,提出到2017年全国的地级及以上城市的$PM_{2.5}$浓度能够比2012年下降10%的目标,特别要求京津冀、长三角和珠三角等重点区域的$PM_{2.5}$浓度分别下降25%、20%和15%;2018年国务院继续发布了2018—2020年《打赢蓝天保卫战三年行动计划》,要求到2020年$PM_{2.5}$浓度未达标的地级及以上城市浓度比2015年下降18%以上。期间,2015年我国重新修订发布了新版《中华人民共和国大气污染防治法》，2016 年发布的《"十三五"生态环境保护规划》也要求到 2020 年未达标的地级以上城市 PM$_{2.5}$ 浓度下降 18％，这与三年行动计划的目标相一致。其中的达标要求参考 2012 年发布的《环境空气质量标准》中的二级标准（年均 35 $\mu g/m^3$）。此外，各省、直辖市和自治区也同时发布了相应的国民经济和社会发展"十三五"规划和生态环境保护规划"十三五"规划等文件，对 PM$_{2.5}$ 浓度目标提出了相应要求。之后，《节能减排"十三五"综合工作方案》进一步提出了全国空气污染物排放的总量控制目标，具体要求到 2020 年污染物排放总量均比 2015 年下降 15％。针对重点行业的污染物排放，火电、钢铁和水泥行业分别提出了其各自的减排目标，如《电力发展"十三五"规划》要求火电行业的污染物到 2020 年排放量均相比 2015 年要减少 50％。《钢铁工业调整升级规划（2016 — 2020 年）》要求 2020 年钢铁污染物排放量相比 2015 年要减少 15％。《水泥工业"十三五"发展规划》要求 2020 年水泥污染物排放量相比 2015 年要减少 30％。此外，我国的污染物排放标准也逐步趋严，2015 年国家环境保护部发布了火电的"超低排放"要求，即《全面实施燃煤电厂超低排放和节能改造工作方案》，该方案要求全国所有满足改造条件的燃煤电厂争取在 2020 年前实现"超低排放"。此后钢铁行业也出台了相关的"超低排放"要求，《钢铁企业超低排放改造工作方案》指出，要求 2020 — 2025 年，全国所有满足改造条件的钢铁企业逐渐实现"超低排放"。

　　尽管自 2013 年以来，我国在经济持续增长、能源消费量持续增加的情况下多管齐下，使得环境空气质量总体改善，但截至目前我国环境污染治理的形势依然十分严峻，环境污染特别是城市空气污染对人类健康造成的严重威胁和巨大经济损失已经受到了广泛关注。事实证明，大气污染问题已经严重影响到了中国城市的可持续发展和居民健康状况。本书从大气污染对城市居民健康造成的损害入手，对大气污染的健康经济负担进行测算，并在此基础上尝试构建大气污染健康损害的补偿机制，其结果可以为政府下一阶段进一步完善生态补偿机制和更加科学地制定节能减排措施提供参考依据。

1.1.2　研究意义

1. 理论意义

　　（1）拓展了经济学研究领域。随着 40 多年来我国经济的高速发展，"高污染、高排放"模式带来的严重环境污染进而产生的居民健康问题已然进入大众视野，成为学术界研究的热点。然而现阶段大部分研究都是从流行病学角度出发，对某种大气污染物与某种疾病之间的相关性进行研究，从经济学角度对大气污染导致的人群健康损失及其所造成的社会居民经济负担却较少涉及。本书从经济学角度出发，研究大气污染造成的健康经济损失和健康风险，将经济学研究范围拓展到了健康损害和健康风险预测领域，开阔了经济学研究视野，丰富了经济学在健康相关领域的研究内容与成果。

　　（2）增强了环境污染对人群健康影响问题的解释力。随着 2000 年西部大开发战略的实施，西部地区工业化进程不断加速，大量高耗能产业的引入使得西部地区大气污染问题日渐严重，恶劣的大气环境不仅对居民的生存质量产生了影响，而且严重地威胁到了居民的身体健康状况。现有研究大都集中在北京、上海、重庆等一线城市，对西部工业依赖型发展城市的研究较少,本书以西部地区乌鲁木齐市为案例,对城市能源消费、大气污染等现况进行了深度剖析,有针对性地测算了大气污染对城市居民造成的经济损失,丰富了西部地区的研究案例,增加了政府在能源消费、环境污染与人群健康问题上的解释力。

2. 实践意义

(1)为地方政府建立人群健康危险预警工作提供数据支撑。近年来多个城市实施了一系列"蓝天工程",使得冬季燃煤所致大气污染状况得到了明显改善,然而由于城市能源消费结构仍不尽合理以及机动车保有量持续增长等原因,大气污染问题依然严重。本书从能源消费结构入手,针对不同能源消费结构设置了不同情景,并对不同情景下2025年及2035年的大气污染状况进行了预测,同时对不同人群健康风险进行了预测,其结果可以为下一阶段政府部门建立大气污染所致人群健康危险的预警工作提供有力的数据支撑,也可以为地方政府制定污染防治相关政策、法律、法规提供参考依据。

(2)为政府进一步完善健康损害补偿机制提供科学依据。随着生态环境问题逐渐成为我国经济社会可持续发展的重要制约,生态补偿也越来越受到政府和社会各界的重视。国家"十一五"规划纲要曾明确提出:按照谁开发谁保护、谁受益谁补偿的原则,建立生态补偿机制。现阶段我国在流域开发、矿产资源开发、森林生态效益保护、自然保护区建设、退耕(牧)还林(草)等领域逐步建立了补偿依据和测算标准,但普遍存在补偿标准过低、补偿依据认识不全面、计算不完整的问题,尤其是在对健康损害补偿的测算和认定上,现阶段尚没有形成统一的认识。本书从大气污染对居民健康造成的损害入手,对大气污染的健康经济负担进行测算,其结果可以为政府下一阶段进一步完善生态补偿机制和更加全面地测算生态补偿标准提供参考依据。

1.2 文 献 综 述

随着全球气候变化,温室气体排放成为全世界最受关注的问题之一,气候变化与健康也随之成为相关学者研究的热点。目前国内外大量研究已经证实大气污染与许多疾病有直接或者间接的相关性,大气污染主要会对人体的呼吸系统、心脑血管和免疫功能产生一定的危害,但由于污染物质的来源、性质、浓度以及持续时间的不同,对人体产生的危害程度也不同。此外,近年来对于大气污染与社会经济发展的关联性分析、大气污染所致健康经济损失,以及能源消费结构对大气污染影响等方面的研究逐渐成为学术界关注的焦点,国内外学者均取得了一系列的研究成果,但进一步地进行健康风险评价的研究并不多见。

1.2.1 国外文献综述

截至2020年1月1日,经 ELSERVIER 数据库检索,关键词="air pollution"共有文献4 115篇;关键词="compensatory mechanism"共有文献3 115篇;关键词="air pollution & health"共有文献416篇;关键词="Air pollution & health loss"共有文献16篇;关键词="Air pollution & health & Risk Assessment& compensatory mechanism"共有文献0篇。国

外大气污染、人类健康与经济发展相关文献汇总见表 1-1。

表 1-1　国外大气污染、人类健康与经济发展相关文献汇总

主题内容	研究方法	研究方向	代表文献
大气污染的健康效应	暴露反应函数、广义相加回归模型等	大气污染对人群死亡率有影响	[9];[10]
		大气污染提高了心血管疾病发生率	[15]
		大气污染提高了呼吸道类疾病发病率	[16]
		大气污染增加了癌症发病的可能性	[18]
		大气污染增加了心理疾病的可能性	[20]
大气污染与经济发展的关系	Kuznets 曲线、广义最小二乘法、脱钩分析等	大气污染与人均收入呈现出明显的倒 U 形关系	[21]
		大气污染与人均收入呈现出明显的 N 形关系	[24]
		大气污染与人均收入呈对数线性关系	[26]
		大气污染与人均收入呈线性下降关系	[27]
		大气污染与经济增长呈脱钩关系	[28]
大气污染造成健康经济损失	人力资本法、意愿调查法、剂量效应方程、损害函数	大气污染造成不同疾病死亡的经济损失	[29]
		大气污染造成人群健康直接和间接经济损失	[32]
		大气污染的健康社会成本	[35]
		对中国大气污染造成经济损失的研究	[33]
能源消费对大气污染的影响	协整分析、验证模型	能源消费结构与大气污染物排放水平相关性	[43]
		不同部门能源消耗对环境空气质量的影响	[42]
		能源消费、经济发展与防治大气污染协调发展	[47]
大气污染生态补偿	机会成本法、支付意愿法等	大气污染能源税、资源税征收角度	[51]
		大气污染支付补偿意愿方面	[54]

从 20 世纪早期欧洲就开始关注空气污染短期暴露的健康效应研究,20 世纪 90 年代以后渐渐产生了一批有代表性的研究结果。其中较为著名的队列跟组调查案例是英国的 Kat Souyanni(2001)将 PM_{10} 设定为大气污染物的主要成分,并对居住在欧洲 29 个城市的 4 300 万人口的死亡原因进行了追踪调查。研究结果显示 PM_{10} 浓度每增加 1 $\mu g/m^3$,欧洲 29 个城市的全因人口死亡率净增加 0.6%(95%CI:0.4%~0.8%)。美国学者 Finch(2014)在最近的研究报告中指出,过去的 200 年已经让人类的生存环境大大改善,之后的 100 年中对人群健康预期寿命影响最大的因素将是环境因素,尤其是大气污染问题,将严重地制约人群预期健康寿命的有效提升。美国学者 Minjeong Park(2013)采用半参数线性回归与贝叶斯分层建模相结合的方法将来自韩国 7 大城市每天的时间序列数据分两个阶段进行分析,结果表明,PM_{10} 浓度每增加 10 $\mu g/m^3$,普通人群的哮喘住院率将提高 1.5%(95%CI:0.1%~2.8%),其中老人和

儿童的哮喘住院率会更高。意大利学者 Mannucci(2015)用回顾性研究的方法,针对空气污染对呼吸道疾病和心血管疾病的影响进行了梳理分析,认为现阶段已有的研究成果已充分证明了空气污染将显著增加呼吸道疾病(如哮喘、慢性阻塞性肺病、肺癌等)和心血管疾病(如心肌梗塞、心脏衰竭、脑血管意外)的患病风险,老年患者、孕妇、婴幼儿和免疫力低下的人群对空气污染会更加敏感。Stafoggia 等人(2015)在欧洲进行了 11 组队列研究,利用 COX 回归和meta 分析对大气污染与脑血管疾病发病率的相关性进行了验证分析,结果表明,在 99 446 人的暴露人群中有 3 086 人发生了脑卒中,危险比(HR)为 1.19(95%CI:0.88～1.62),其中 60 岁以上的人群更易发生脑卒中风险。Lim Y.H.(2017)对韩国首尔的中部地区 560 名老年人进行了一项纵向研究,在 2008 — 2010 年期间对老年志愿者进行了 3 次健康检查,在排除没有$PM_{2.5}$暴露数据的人群后,对剩余的 466 名参与者通过调查问卷的方式,获得了生活方式、社会经济状况和慢性病史等数据,以分析大气颗粒物污染与心血管系统疾病的关系,结果发现志愿者血压、心率的四分位数间距与$PM_{2.5}$(尤其是由燃烧和焚化产生的颗粒物)的浓度有关,证明了$PM_{2.5}$与心血管的自主神经功能有关。Ivan G.A.(2018)的研究中指出墨西哥城虽然由于各项公共卫生策略改变了其空气质量,但它仍然是拉丁美洲污染最严重的城市之一,在墨西哥城,$PM_{2.5}$每增加 10 $\mu g/m^3$,心血管疾病就会增加 1.22%(95%CI:0.10%～2.28%,滞后 0～1天),对于 65 岁以上的人群有更严重的影响。Niki(2008)利用塞尔维亚 1992 — 1995 年间以及 2002 — 2005 年间的大气污染程度数据和儿童呼吸道疾病入院数据进行前后相关性对比分析,发现PM_{10}浓度每升高 10 $\mu g/m^3$,3 天后儿童呼吸道疾病入院率即会提升 4.50%(95%CI:1.77%～7.30%),4 天后入院率会提高 3.95%(95%CI:1.29%～6.67%),7 天后入院率会提高 7.15%(95%CI:1.21%～13.44%);SO_2 浓度每升高 10 $\mu g/m^3$,3 天后儿童呼吸道疾病入院率会增加 1.29%(95%CI:0.03%～2.56%)。Pope(2018)提出,$PM_{2.5}$与一些常见慢性病可能具有因果关联,大气污染物会直接或间接地破坏人体呼吸系统、免疫系统等,从而进一步诱发致病,包括糖尿病、认知功能降低、ADHD 和儿童自闭症、神经变性疾病以及早产和低出生体重等急性或慢性效应,严重者或发生致死症状,长时间会造成居民健康以及社会经济生活的损失。Gongbo Chen(2015)对截至 2013 年 12 月的有关大气污染与肺癌之间相关性的文章进行了收集整理,利用 meta 分析进行统计处理后得出的结论表明,由于交通运输业发展导致的大气污染物排放量的提升显著地提升了人群的肺癌患病风险。此外,Min 等人(2017)的研究发现,0～10 岁韩国儿童注意力缺陷多动障碍的诊断与空气污染物之间存在相关性,动物实验也得出相同的结果。Gu(2019)通过系统回顾和荟萃分析的方法对颗粒污染物 PM_{10}暴露与抑郁自杀之间的关联进行了系统评价和分析,结果表明,PM_{10}浓度的增加与抑郁程度的增加密切相关,并且它们的关联性表现为长时间的累积效应,提示潜在的累积暴露效应随时间推移而增加。

国外在 20 世纪 90 年代初就陆续开展了对于大气污染与经济增长关系的研究。Krueger(1991)以北美地区的自由贸易区为研究对象,发现空气中的烟尘和悬浮颗粒物与人均收入增长曲线表现为倒 U 形关系。此外,Shafik(1992)、Panayotou(1993)等人也分别利用全球 149个国家的面板数据或截面数据验证了 SO_2 排放与人均 GDP 的倒 U 形曲线关系。Hidemichi(2016)收集了空气中 8 种污染物排放以及全球 39 个国家 1995 — 2009 年间的工业部门发展数据,进行了库兹涅茨曲线分析,结果发现 80% 的空气污染物与经济增长不具有库兹涅茨曲线关系,但其中 20% 的污染物,如 SO_2、CO 等污染物与工业部门的经济增长是具有库兹涅茨曲线关系并存在拐点的。Wang L.(2014)利用 1992 — 2007 年间的面板数据对中国大气污染物排放与纺织行业的关系进行了分析,结果表明,倒 U 形的曲线关系是不存在的,但是中国纺织工业的经济增长与环境污染之间存在独特的倒 N 形关系,有两个明显的转折点。Narayan (2016)研究了 181 个国家经济增长与碳排放的动态关系,并提出了一种符合环境库兹涅茨曲线(Environment Kuznets Curve, EKC)假设的方法,该方法的主要思想是,假设当前收入水平与过去的二氧化碳排放水平之间存在正的相关关系,与未来的二氧化碳排放量之间存在负的相关关系,那么二氧化碳排放量将随着收入的增加而下降。Emil Georgiev(2014)利用全球 30 个经济合作与发展组织成员国的国家面板数据及城市空气污染物排放数据进行分析,认为仅有 SO_2、CO、NO_x 和挥发性有机化合物与经济发展有曲线关系,其中 SO_2 排放与人均 GDP 之间是 N 形曲线关系,CO 排放与人均 GDP 之间是对数线性曲线关系。Haisheng Yang(2015) 利用中国 29 个省市的面板数据对环境污染的库兹涅茨曲线进行验证分析,结果表明,污染物排放与 GDP 之间不存在明显的 N 形或 U 形曲线关系,而是呈现线性下降关系,不存在所谓拐点。Shuai C.(2019)基于 Tapio 脱钩指数,研究了 133 个国家经济增长与碳强度、人均碳排放量、总碳排放量的脱钩状态。结果表明,经济增长与碳强度、人均碳排放量和总碳排放量脱钩的国家分别占 74%、35% 和 21%,高收入群体在达到脱钩状态的国家中所占比例较大。

从经济学的角度对生命健康价值进行的探讨已经有 400 多年的历史。最早采用经济学的方法来研究生命健康价值的是古典经济学家 William Petty,他在《政治算术》一书中基于生产成本法测算了当时英国人口的经济价值,并估算了由于人口迁移、战争、疾病和死亡产生的经济损失。随后,经济学家 William Farr 不断推动生命价值理论的发展,并首次提出了生命价值评估方程,将人们的未来收入引入生命价值评估方程,采用生命表的技术进行了分析。德国经济学家 Wettstein T.继承并发扬了 William Farr 的方法,从终身收入和终身成本的角度切入来分析人的生命价值。自 20 世纪 60 年代以来,大气污染对人类健康造成的损害日益受到了国内外学术界的高度关注,国内外学者们均从不同领域以及不同的角度对大气污染的健康经济损失价值评估进行了研究,如 Ridker(1967)的研究被视为大气污染造成健康损失评价研究的开端,Ridker 使用人力资本法对 1958 年美国由于大气污染而造成的多种疾病死亡进而导致的当地居民货币经济损失进行了测算。Cannon J. S.(1985)采用意愿调查法对美国大气污染造成的人群健康损失进行了估算,测算结果表明,1985 年美国大气污染导致居民罹患相关疾病所产生的医疗费用约为 160 亿美元,因病丧失劳动力造成的间接经费费用为 240 亿美元。Knut Einar Rosenda(1998)利用挪威奥斯陆市的大气污染和家人健康数据建立了污染物与健康剂量效应模型,并利用此模型计算了 1994 年该市的空气污染所致社会损失成本。Ted Boadway,Michael Perley 和 Patricia Graham(2000)采用疾病成本法对安大略省空气污染的疾病成本进行了计算,结果显示,2000 年安大略省因空气污染造成的疾病经济负担为 8 000 万美元。此外,国外研究者对我国整体的大气污染健康损害情况也进行过多次估算。Vaclav Smil(1996)以中国 1958 年的大气污染情况为研究背景,对该年度中国因环境污染所造成的经济损失进行了测算,其在研究中第一次引入了值域的概念以更为客观的范围值结果反映估算过程中可能有的不确定性。Hedley(2008)对中国香港地区 15 年来的空气污染状况进行了分析,并测算了由于空气污染所造成的疾病就诊与生产力损失成本,结果显示,该成本高达 2.4 亿美元/年。2010 年,世界银行又一次对中国的整体环境污染情况及产生的健康经济损失进行了进一步的估算,将 PM_{10} 浓度设定为主要空气污染指标,结果显示 2009 年中国城市健康相关损失中与大气污染有关的健康成本均值为 1 500～50 000 亿元,占中国当年 GDP 的 1.5％～3.5％。Ambrey(2014)基于支付意愿法,将澳大利亚居民的家庭劳动力和与收入相关的数据作为空气污染的指标,通过调查当地居民的生活满意度来评估引发的健康成本,这项研究为空气污染与生活满意度之间的关系研究提供了非常重要的支撑。近年来,部分学者开始从大气污染防护费用的支付意愿来评价大气污染造成的健康损害,如 Koichrio(2016)利用中国空气净化器市场交易数据和空气质量数据,结合固定效应模型和断点回归模型的计量经济学方法,评估了减少室内空气污染的边际支付意愿。Mu(2018)构建了城市防尘口罩支付意愿和室外空气污染之间的关系,同时量化了空气污染的成本。Barwick(2017)基于中国许多医院、药店和其他医疗机构的信用卡和借记卡交易,评估了空气污染的医疗支出成本。

随着社会的发展和科技的进步,以煤为代表的传统化石类燃料已成为各国的主导性能源。Schurr(1960)早在 20 世纪 60 年代早期就预言,21 世纪传统化石类燃料能源将成为世界经济发展的动力和核心,Gales(2007)和 Fouquet(2008)等人在近年来的研究也充分论证了这一点。Yaghoob 等人(2012)对印度 1971 — 2007 年间的能源消耗结构变化进行了分析,认为印度政府近年来在能源结构调整方面的政策是不利于节能减排的。Zhang 等人(2015)对中国1995 — 2011 年间的农业相关产业能源消耗及排放量进行了测定,并运用相关模型验证了农业相关产业发展能源消耗与经济发展之间的关系,结果显示,与农业相关产业发展相关的火电、化肥生产造成的大气污染物排放对环境影响非常大。James(2008)对马来西亚 1971 — 1999 年间各部门能源消费的碳排放量进行了测算,结果表明,如果能够正确规划各部门的能源消费方式和消费量,能源消费、经济发展与大气污染三者之间是可以存在正相关关系的。Almulali 等人(2013)利用 16 个新兴国家 1980 — 2008 年间的面板数据深入探讨了一次能源消费总量和二氧化碳排放对经济发展的影响,提出政府须增加对绿色能源项目的投资和拨款,才能实现能源消费、经济、环境之间互促互利、协调发展。Menyah(2010)通过对南非 1965 — 2006 年间的数据进行协整分析表明,南非一直以来在牺牲经济增长以减少污染物排放的单位产出或能源消耗方面所做的努力还是卓有成效的。但长期来看,要想实现能源、经济、环境协调发展必须进一步调整产业结构和能源消费方式。Bilen(2008)在对土耳其现阶段的能源消费和空气污染现况进行描述分析的基础上提出,土耳其在很大程度上依赖于昂贵的进口能源资源如石油、天然气和煤炭,已然给经济发展和空气污染带来了极大负担,且空气问题已经成为该国最大的环境问题。鉴于土耳其的地理和资源优势,应大力发展可再生能源资源以实现其可持续发展。Acheampong(2018)利用面板向量自回归模型(PVAR)、高斯混合模型(GMM)以及多变量模型对 1990 — 2014 年间 116 个国家的经济增长、碳排放和能源消耗之间的动态因果关系进行了研究。其研究结论包括:这 116 个国家的经济增长并不会导致能源消耗的增多,除拉丁美洲国家外,其他各国的经济增长对碳排放均没有因果影响。Ozcan(2019)采用 bootstrap 面板关系因果检验,分析了 17 个新兴国家可再生能源消费与经济增长之间的关系,除波兰以外的 16 个国家的可再生能源与经济增长均不存在因果关系,减少能源的消费对这 16 个国家的经济增长没有显著影响,但是会阻碍波兰的经济社会发展,这一研究结论有别于多数研究者的研究结果。

在大气污染的生态补偿研究方面,Floros 和 Vlachou(2005)通过两阶段对数成本函数分析了希腊实施碳税对能源相关的二氧化碳排放的影响。研究结果表明,征收 50 美元/t 的碳税,能够使希腊直接和间接的二氧化碳排放量大大降低。这意味着尽管代价很高,对希腊制造业征收碳税却是降低二氧化碳排放量的一项有效环境治理政策。Eisenack(2012)基于博弈增长模型分析了能源税、资源税和碳预算等政策工具的有效性和效率。研究结果表明,资源税和碳预算比能源税的治污效率更高;通过碳预算实现减排能够为资源拥有者提供可观的收益。Aubert(2019)通过构建一般均衡模型研究了环境税改革对法国社会经济的影响。研究结果表明,采取温和改革措施能够实现帕累托优化,激进的改革方案则会导致失业率升高。但对于政府能否制定有效的政策来纠正外部性,西方学界一直存在较大争议。另外,补偿标准是生态补偿的关键问题,在补偿标准的计算方法中,Kaczan(2013)认为,机会成本法的使用最为普遍,但准确性会受到异质性和信息不对称的影响。Thu Thuy(2009)认为,应依据补偿客体的实际机会成本来计算补偿标准,这种计算方法能有效提高生态补偿的效率;支付意愿法也是应用较广泛的补偿标准计算方法,它评估了补偿主客体能接受的补偿水平范围。Gupta(2016)对印度居民的公路运输碳税的支付意愿进行了分析,调查表明,居民的环境活动、教育程度、收入和年龄在决定支付意愿方面起着重要作用。Ericka(2019)对意大利消费者购买新能源汽车的支付意愿进行了调查,研究表明,潜在的购车者愿意为每千米二氧化碳排放量降低20%而支付2 100欧元的价格溢价。利用条件估值法基于个人陈述偏好对生态环境受益者的生态补偿支付意愿进行模拟,在生态补偿的实践中运用也非常广泛。

1.2.2　国内文献综述

经CNKI数据库检索,关键词＝"大气污染"共有文献40 512篇;关键词＝"大气污染 ＆ 健康"共有文献6 215篇;关键词＝"大气污染 ＆ 健康 ＆ 经济损失"共有文献38篇;关键词＝"大气污染 ＆ 健康 ＆ 风险评价"共有文献6篇;关键词＝"大气污染 ＆ 健康损失 ＆ 补偿机制"共有文献0篇。国内大气污染、人类健康与经济发展相关研究汇总见表1-2。

表1-2　国内大气污染、人类健康与经济发展相关研究汇总

主题内容	研究方法	研究方向	代表文献
大气污染的健康效应	暴露反应函数、广义相加回归模型	大气污染对人群死亡率有影响	[56]
		大气污染提高了心血管疾病发病率	[59]
		大气污染提高了呼吸道类疾病发病率	[60]
		大气污染增加了心理疾病的机率	[65]
大气污染与经济发展的关系	Kuznets曲线、广义最小二乘法、脱钩分析等	大气污染与人均收入呈现出明显的倒U形关系	[77]
		大气污染与GDP的倒U形曲线关系不明显	[73]
		大气污染与人均收入呈现出N形曲线关系	[75]
		大气污染与人均收入呈现线性下降关系	[69]
大气污染的经济学评价	人力资本法、意愿调查法、剂量效应方程、损害函数	大气污染经济损失评估	[80]
		大气污染造成人群健康直接和间接经济损失	[82]
		空气污染社会成本	[85]

续 表

主题内容	研究方法	研究方向	代表文献
能源消费对大气污染的影响	协整分析、验证模型	不同能源消费结构造成的大气污染物排放水平测算	[90]
		不同部门能源消耗对环境空气质量的影响	[92]
		能源消费、经济发展与防治大气污染协调发展	[96]
大气污染生态补偿	机会成本法、支付意愿法等	大气污染能源税、资源税征收角度	[98]
		大气污染补偿手段、方式角度	[100]

我国有关大气污染和人群健康相关研究开展得较晚。1990年,由世界卫生组织牵头组织了北京市海淀区的大气污染颗粒物、SO_2、温湿度与死亡率等指标之间关系的研究,采用流行病学时间序列研究方法对北京市海淀区1—9月各类污染物浓度变化与死亡率上下浮动之间的关联度进行了分析。之后,高军等人(1993)又对北京市东城区和西城区1989年空气污染与每日居民死亡之间的关系进行了分析,结果表明,SO_2浓度每增加1倍,人群分病因死亡相对危险度和总死亡率将升高11%。程义斌(2002)运用现场流行病学调查方法对太原市大气污染程度不同的3个区域内的小学生进行了健康问卷调查和五官检查,结果表明,污染程度不同的3个区域结果差别较大,且差别有统计学意义,重(中)污染区儿童鼻炎、咽喉炎、扁桃体炎发病率明显大于相对清洁的区域。常桂秋等人(2003)在前人研究的基础上,收集了北京市1998—2000年间PM_{10}、$PM_{2.5}$、SO_2等大气污染物浓度日变化值,利用spearman回归证明了大气污染物与居民因呼吸道疾病导致日死亡情况的相关性,同时发现大气中CO、SO_2、NO_x、TSP浓度与呼吸系统、心脑血管疾病、慢性阻塞性肺病和冠心病死亡率之间均存在明显的正相关关系。周洪霞等人(2015)利用相关分析和多元回归对唐山市大气污染与居民心血管疾病日门诊和日住院人数相关性进行了分析,结果表明,大气中$PM_{2.5}$浓度的上升与人群心血管疾病的日门诊人数之间存在明显的正相关关系。赵颖等人(2013)利用线性多元回归的方法对广州市大气污染物排放浓度及其与呼吸系统疾病住院率之间的关系进行了分析,研究结果表明,污染物SO_2、NO_2与急慢性支气管炎、肺炎和哮喘等呼吸道疾病的住院率有明显的相关性,PM_{10}仅与哮喘和肺炎两种疾病的住院率有明显的相关性。周慧霞等人(2013)利用广义相加的泊松回归模型对北京市丰台区PM_{10}对人群心血管疾病日门诊量的影响进行关联分析后发现,PM_{10}浓度每升高10 $\mu g/m^3$,居民心血管疾病就诊量平均增加0.57%(多因素模型RR=1.005 7,95% CI:1.004 7~1.006 7),同时PM_{10}对人群心血管疾病存在滞后效应,滞后第2天达到最强。吴一峰等人(2015)对宁波市社区上呼吸道疾病门诊就诊情况进行了收集,并对同期的空气污染物浓度排放情况进行了相关分析,发现各污染物浓度与门诊就诊量均有正相关关系,SO_2和$PM_{2.5}$对上呼吸道门诊量的相对危险度RR值在偏低浓度时呼吸道效应人数增加较快,在高浓度时减缓;而NO_2对上呼吸道门诊量的相对危险度RR值在低浓度时相对增加较慢。梁锐明(2017)研究了石家庄等7个城市的大气$PM_{2.5}$污染对人群心血管疾病的急性效应,结果显示$PM_{2.5}$浓度的升高会导致每日因心血管疾病死亡的人数增加。Xie等人(2018)通过财政部的一个全国免费孕前健康检查项目在我国其中31个省(自治区、直辖市)2 790个县市进行了长达5年的孕前健康检查,检查了未来6个月有孕育意向的年龄在20~49岁之间的39 348 119

名女性志愿者,结果发现长期接触 $PM_{2.5}$ 会对育龄期的血压有影响,而高血压往往使心脏的结构和功能发生改变。此外,查旭东(2019)通过采用心理症状自评量表对妊娠妇女在雾霾天气期间及 1 个月后的非雾霾天气期间进行心理健康状况测评,调查结果显示,妊娠妇女在雾霾天各种心理问题的阳性检出率明显高于非雾霾天,躯体化、强迫症状、人际关系敏感、抑郁、焦虑、敌对、恐怖、偏执和精神病性等 9 个因子存在明显差异($p < 0.05$)。苏萌(2019)对天津大气污染较为严重的某社区居民进行了心理测评,结果显示,其总分及焦虑、偏执和精神病性等因子得分高于全国常模,不同性别、不同年龄、不同文化程度、不同职业和不同婚姻状况的居民心理健康状况均在 SCL - 90 部分因子存在统计学差异,男性、高年龄组、已婚、文化程度低及无业的居民出现心理健康问题的概率更大,吸烟、饮酒等生活方式对居民心理健康状况也有一定的影响。

我国早期的研究均是将大气污染作为环境污染的一部分与经济增长情况进行相关分析,后期逐步过渡到分产业、分地区、分污染物类型,分别分析其与经济增长之间的相关性研究。如范金(2002)利用我国 21 个大中城市 1995 — 1998 年间面板数据进行分析,认为 SO_2 排放与人均 GDP 之间存在明显的倒 U 形关系。张云(2005)利用北京市 1990 — 2001 年间的时间序列数据进行分析,认为 SO_2 排放与人均 GDP 之间存在明显的 N 形关系,拐点将分别出现在人均收入 8 000 元和 17 000 元左右。周国富(2008)分别选取了烟尘、SO_2 和工业粉尘排放量作为分析指标,对中国 1990 — 2005 年间的煤炭消费与经济增长关系进行了研究,验证了我国煤炭消耗量与 GDP、SO_2 排放量、工业粉尘之间的协整关系是长期存在的,其中经济增长与 SO_2 排放量之间存在线性下降关系。彭水军(2006)在对污染集中度进行分析时,将空气质量作为其关键指标之一,并采用静态面板数据利用广义最小二乘法对环境数据进行运算,进一步得出了产业结构调整、技术进步、环境保护等变量会对环境库兹涅茨曲线(Environment Kuznets Curve,EKC)产生显著影响的结论。朱平辉(2010)利用静态面板数据模型证实了 EKC 在中国城市经济不同发展阶段中的存在性和有效性。陈建强(2009)采用新疆各县市能源、环境时间序列数据证明了在新疆经济发展过程中 EKC 是切实存在的。周曙东(2010)采用时间序列模型对江苏的 13 个行业 12 年的面板数据进行了计量分析,结果显示,EKC 假设在环境与经济发展之间的关系彰显得并不明显。黄菁(2010)认为能源消费结构、环境污染浓度和经济增长速度三者是会相互影响的,并从系统角度验证了三种污染物都存在 EKC 效应,但曲线呈 N 形。徐盈之、王进(2013)采用非参数逐点估计方法对我国其中 29 个省(自治区、直辖市)的能源消耗和经济增长之间的关系进行了研究,其中的一个重要结论为:我国人均 GDP 与能源消费之间总体呈 N 形关系。祁毓和卢洪友(2015)通过建立多层广义线性模型对全国污染和居民健康情况进行了分析,发现在传导机制中污染是导致健康不平等的一大重要因素,同时通过对比经济发达地区以及欠发达地区的污染健康效应,得出经济发展对健康有一定的负向作用,并且其分布呈现明显的累退模式的结论。王菲、杨雪等人(2018)基于 EKC 假设,对我国其中 27 个省(自治区、直辖市)的人均 GDP 和碳排放量进行了实证研究,认为无论从整体上看还是从个体上来看,均满足 EKC 假说的倒 U 形曲线,但是在拐点处却存在着差异。

由原国家环境保护局牵头完成的"公元 2000 年中国环境预测与对策研究"(原国家环境保护局,1990)课题首次对全国的环境污染造成的经济损失进行了估算,结果显示,在 1981 — 1988 年间我国的平均年环境污染所致经济损失高达 380 亿元,占年均国民生产总值的6.75%。薛迎春和周悦先等人(2008)运用疾病成本法对洛阳市大气污染危害人体健康造成的经济损失进行了费用估算,不仅对直接经济负担进行了估算,而且对污染误工、早死、陪护等间接经济损失进行了估算。桑燕鸿(2010)以广东省为例,采用修正人力资本法分析大气污染对人体健康影响造成的经济损失,主要包括过早死亡人力资本损失和大气污染造成的慢性支气管炎发病人力资本损失,结果显示,广东省 2008 年因大气污染对人体健康影响的经济损失约为 112.1 亿元。赵晓丽(2014)运用修正的人力资本法对 2011 年北京市大气污染所导致的人群过早死亡经济价值损失进行了测算。陈仁杰等人(2010)收集了我国 113 个主要城市的 PM_{10} 浓度资料与居民健康数据,在进行相关分析的基础上对 PM_{10} 污染造成的健康影响经济损失进行了估算,结果表明,113 个城市的居民健康损失高达 3 414.03 亿元,其中由过早死亡造成的损失占87.79%。此外,可持续发展指标体系课题组分别对福建省三明市和山东省烟台市的环境污染造成的社会成本损失进行了初步核算,并利用相关数据建立了真实储蓄率和环境可持续发展指标体系框架。"中国环境污染损失的经济计量与研究"(原国家环境保护总局,1998)课题报告指出,2000 年中国因环境污染所造成的经济损失为 986.1 亿元,其中由于大气污染物排放造成的人体健康损失为 201.6 亿元,是所有污染物中对人体造成伤害损失最高的一类污染物。这项研究结果表明,大气污染造成的人体健康损失在我国环境污染造成的经济损失中所占比例最大也最重要。黄德生等人(2013)估计 2009 年京津冀地区控制 $PM_{2.5}$ 污染达到 2012 年颁布的《环境空气质量标准》(GB 3095 — 2012)所产生的健康效益为 612~2 569 亿元(均值为1 729 亿元),相当于当年我国 GDP 的 1.66%~6.94%(均值为 4.68%)。谢扬(2016)研究发现,基于 GAINS 和健康影响模型,由于 $PM_{2.5}$ 污染所导致的京津冀地区居民每年劳动时间损失分别为 81 h、89 h、73 h,由此引起的额外健康支出分别为 44 亿元、27 亿元、97 亿元。曾贤刚(2013)采用权变评价法发现,我国空气污染健康损失中的统计生命价值约为 100 万元/年,基于区间线性回归模型结果表明,受教育程度和人均年收入等是重要的影响因素。曾先峰(2015)在对西安市大气污染经济损失的研究中发现,2013 年大气污染对西安市造成的经济损失约为 72.29 亿元,占全市 GDP 的 1.48%。西安市的经济发展造成的环境污染有恶化趋势,居民生活质量和身心健康受到大气污染的危害。陈诗一(2015)从临沂市雾霾治理工作的经验出发,对地方经济发展和环境保护的关系展开讨论,提出通过建立环保长效机制、优化管理机制和完善发力体系来实现经济发展和环境治理的双赢。

根据原国家环境保护总局在 2004 年的测算,改革开放以来中国经济的高速发展在很大程度上牺牲了环境,GDP 的不断提升是以过度的能源消耗为代价的,初步估计大气污染给环境造成的损失高达 2 000 亿元。翟一然(2012)以 2008 年为基数年,针对长江沿线 16 个主要城市和地区的能源消费情况进行了分析,结果表明苏州市、南京市、上海市、无锡市、宁波市和杭州市 6 个城市对大气污染的"贡献率"最大。其中工业和火电部门对 SO_2 和 NO_x 排放的贡献率较大,PM_{10} 和 $PM_{2.5}$ 的排放也主要集中在工业部门,CO 的排放率增长主要源于机动车保有量的增长。任继勤(2015)利用灰色关联分析对北京市的能源消费终端对 GDP 和大气污染的贡献度进行了分析,结果表明,工业部门能源消费量与大气环境的关联度最大。魏一鸣(2011)利用基于投入产出的结构分解模型研究了人口增长、效率、生产结构以及生活方式和水平等因素对中国能源消费的影响。结果显示,总资本形成和出口是现阶段推动能源消费增长的重要驱动力,分别为中国能源消费的增长贡献了 42.42% 和 39.43%。魏楚等人(2008)利用 1995 —2006 年间我国其中 29 个省(自治区、直辖市)面板数据进行包络分析,采用自行设计的指标对不同能源结构要素进行了区分,发现以"退二进三"为主导的产业结构调整和以"国退民进"为主要方向的国有产权改革在一定程度上能够改善能源效率,全面减低我国大气污染程度。高彩艳(2014)对乌鲁木齐市、西宁市、西安市 3 个西部城市 2005 — 2009 年间的工业能源消耗以及空气质量数据进行了统计分析,结果发现,3 个城市工业能源结构单一,均以原煤消费为主,工业比例较高,能源利用效率低。3 个城市 PM_{10} 污染超标严重,SO_2 有逐年减轻的趋势。由于城市机动车保有量的逐年快速增长等因素,NO_2 的污染有逐年加重的趋势。马莉、叶强强(2016)采用 VAR 模型,结合协整分析、格兰杰因果检验以及方差分析等方法对陕西省能源消费与经济增长做出了实证分析,结果表明,经济增长和能源消耗之间存在着长期的协整关系,在短期内,能源消耗对经济增长没有明显的推动作用,能源消耗与经济增长之间不存在格兰杰因果关系。王来弟(2018)选取了我国其中 30 个省(自治区、直辖市)的面板数据,以分位数回归为理论模型,引入人均 GDP、能源消费强度、能源消费结构、城镇化程度、人口规模、科技发展水平等多个变量,研究了我国能源消费、碳排放与经济增长的关系,其结果表明经济增长、能源消费对于碳排放量具有显著的正向影响。

在大气污染生态补偿研究方面,马国顺(2014)将演化博弈理论应用到大气污染治理中,从演化博弈的角度分析了无政府监管下和政府监管下参与人的行为差异,论证了政府参与大气污染治理的必要性。陈梦婕(2016)从修改后的《中华人民共和国大气污染防治法》出发,对我国大气污染治理相关法律现状进行了系统梳理,从立法体系和法律实施两个角度分析了大气污染治理中存在的问题。张同斌(2017)模拟了政府和公众参与大气污染治理对社会福利的影响,认为社会组织参与环境治理具有正外部性,可以降低信息不对称造成的政策失效,在政府征收环境税和社会公众参与治理的共同作用下,社会福利能得到有效提高。李英(2017)借鉴英国和美国大气污染治理的相关立法经验,对完善我国大气污染治理法律保障机制提出了建议。近年来,建立市场化的生态服务付费模式逐渐受到重视。靳乐山(2019)认为,我国生态补偿市场化发展将在资源开发补偿、排污权交易、碳交易和碳汇补偿,以及绿色金融四方面取得创新性发展。牛晓叶(2018)对京津冀地区的排污权交易市场进行了研究,认为应该从环境执法合理、排放交易监管平台、污染源监测,以及与现有排污费制度的衔接等方面着手,建立环首都经济圈大气污染排放权交易市场。王晓莉(2018)以贵州省市场化生态补偿式扶贫项目为例,将贫困农户、地方政府和农业合作社纳入模型进行了分析,研究结果表明,在市场化生态补偿式扶贫项目的推广中,政府起到关键性作用,能够加快项目进度,通过增加地方政府的综合收益、减少投入成本等方式,能够促进农户、地方政府和农业合作社策略选择的均衡稳定,最大程度实现农户脱贫的目标。徐丽媛(2018)基于法律层面对市场化的生态服务付费机制进行了研究,认为实现政府生态补偿和市场生态补偿相融合的工作重点在于对市场主体的放权,对经济自由权的保障,以及对产权界定模式的改革,需通过立法来协调政府和市场生态补偿在融合过程中存在的矛盾和冲突。

1.2.3 文献述评

通过梳理国内外相关文献可以看出,国外学者对大气污染的研究相对早于国内学者,并在理论和方法创新方面做出了重要贡献。国内学者在借鉴国外学者研究成果的基础上,开展了大量针对我国的研究工作,在实证研究方面进一步丰富和扩展了大气污染相关研究。其中,在大气污染的健康效应研究中,国内外均已明确了 PM_{10}、SO_2、NO_2 等污染物的排放与人群死亡率、住院率、呼吸系统疾病发病率以及部分癌症疾病的发病率有关,尤其会对老人、儿童等弱势群体产生极大的负面影响;在大气污染与经济发展关系的研究中,国外的实证研究大多认为,大气污染与经济发展之间存在倒 U 形的曲线关系,而国内研究则认为在我国部分省市大气污染与经济发展还可能存在 N 形、线性等不同形式的曲线关系,还有部分学者认为,曲线关系在我国是不存在的。这也从另一方面说明我国发展阶段特殊且地域差别较大,不能直接照搬国外的研究结果和经验,必须通过不断地丰富和扩展相关实证研究来增加研究结果的普适性;在大气污染的经济学评价研究中,国内外研究方法基本趋同,均采用意愿调查法、疾病成本法等计算了大气污染所造成的疾病直接或间接负担,其中研究某种污染物与单病种或者单一健康结果的文献较多,如死亡、儿童哮喘、呼吸道疾病,对多种污染物综合效果的研究较少,说明现阶段污染物综合作用机制尚不明确,污染物的综合反应结果很难估计;在能源消费与大气污染相关性研究方面,过量的能源消费必然会导致严重的大气污染后果,在国内外文献中均提出对工业、火电等产业的发展应该予以科学的规划;在生态补偿机制方面,国内外的研究均从法律角度和税收角度提出了对生态环境破坏应给予的补偿,但是对补偿标准、补偿方式、补偿原则以及补偿主体和客体等方面尚没有统一定论。总体而言,要想实现能源消费、经济发展与环境友好三者协调发展,调整产业结构和能源消费模式,构建和完善大气污染生态补偿机制是必经之路。

综上所述,国内外近年来针对大气污染的相关研究较多,包括大气污染与经济发展的关系、大气污染与能源消费之间的关系以及大气污染与健康的关系等方面,从研究对象上看,国外文献要比国内丰富得多,且国外有一批针对中国的相关研究,而国内却较少有针对国际层面的相关文献;从研究内容上看,针对大气污染物与某疾病相关关系方面的研究较多,针对大气污染城市的居民健康效益的文献较少,对健康结果进行预测的相关文献更是凤毛麟角,而针对大气污染进行完整生态补偿机制构建的文献基本没有;从研究视角上看,现阶段的研究大都从医学流行病学视角出发,关注某种污染物与单个疾病发生发展的回顾性研究较多,从经济学视角探讨某地区大气污染状况与人群健康、工业发展、能源消费之间关系的研究尚不多见,探讨由于大气污染造成的城市居民健康补偿机制构建的研究基本没有;在研究结论中,提出调整产业结构、控制污染源等能源经济发展的宏观策略较多,与社会保障制度相结合,从补偿角度提出相关政策建议的基本没有。鉴于此,虽然早在 20 世纪 60 年代开始就有了空气污染的健康效益评价研究,且之后开始关注到了与之有关疾病给人群带来的经济负担,但是国内专门针对城市的大气污染对居民造成的健康经济损失及健康风险评价研究尚处于起步阶段,缺乏从经济学角度对城市大气污染健康损失的测算与评价研究,对不同发展阶段城市的案例研究尚不充实,本书以大气污染所致城市居民健康损失为切入点,运用经济学理论与研究方法对居民健康经济损失进行测算,并在此基础上进行健康风险预测,最终提出相应的能源消费和健康补偿策略供相关政策制定部门参考。

1.3　研究思路与框架

本书按照"理论构建—计量模型—实证分析—政策含义"这一标准研究范式,构建研究思路(见图 1-1)。具体可以细化为以下几个步骤:①构建大气污染健康效应经济学分析的理论框架;②对相关概念及相关理论进行界定;③对样本城市大气污染特征进行分析;④确定污染物浓度与健康结果之间可量化的关系,即选取各健康效应终端所对应的计量-反应关系;⑤计算污染物污染造成的总健康影响;⑥将市区居民受到的健康影响化为货币经济价值;⑦对不同能源消费情景下的居民健康风险进行评估;⑧提出相应的经济发展方式转变政策建议和大气污染所致人群健康损失补偿机制。

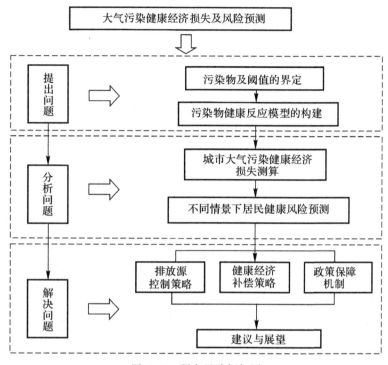

图 1-1 研究思路框架图

1.4 研究方法与技术路线

1. 文献研究法

在研究前期阶段,通过对大气污染与健康、大气污染与经济发展、大气污染所致经济损失以及大气污染与能源消费有关文献资料的大量查阅、检索、汇总、分析,结合各方面相关研究成果,梳理、总结出碳排放与人群健康关系的研究理论基础。

2. meta 分析法

通过中外文数据库以及文献追溯法,收集国内外 1985 — 2013 年公开发表的我国大气污染健康危害经济学评价有关文献资料。数据库主要包括中国知网全文数据库、万方数据、Elsevier ScienceDirect、PubMed 和 Wiley InterScience。设定文献入选标准,以"空气污染""健康风险""统计生命价值""meta 分析"等为关键词进行中英文文献检索,将相关结果进行汇总后采用最小二乘法估计回归系数,分析因变量对自变量的解释力,确定与大气污染相关的健康终端。

3. 广义相加(GAM)模型

运用广义相加(GAM)的 Poisson 回归模型分析大气污染与健康效应终端之间暴露反应

关系,分析大气污染健康暴露反应关系的曲线关系形式与阈值。

4. 疾病成本法

本书运用该方法来评价大气污染物排放引起的疾病的成本,研究涉及的成本为某种健康效应终端发生率的增加所导致的治疗这部分疾病的医疗费用,其中包括住院期间产生的治疗、检查、药品等费用以及因患某种疾病所间接导致的患者本人误工、时间等损失。

5. LEAP 数据分析模型

LEAP 数据分析模型是由瑞典斯德哥尔摩环境研究所研发的一种基于 Bottom - Up 的计量相关经济模型的软件模型,其优势在于这个软件是基于外界情景分析的能源-环境模型工具。利用这个模型软件工具可以进行能源需求及其造成的相应环境影响合理化的分析,同时还将根据成本效益分析对外界环境包括大气污染在内的影响进行评估,把包括 PM_{10}、SO_2、NO_2 等在内的环境污染气体加入环境分析当中,作为最终的环境设计影响分析。

6. 技术路线图

技术路线图如图 1-2 所示。

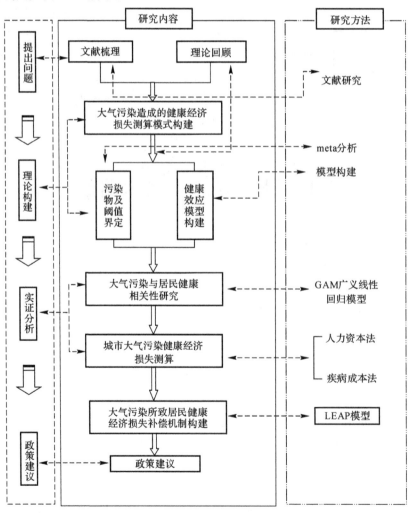

图 1-2　技术路线图

1.5　创　新　点

（1）现阶段针对西部地区乌鲁木齐市的大部分研究都是针对污染源的分解和测定，大气环境状况对城市居民健康损失的定量化研究现阶段尚未见报道。本书选取该城市为研究对象，从经济学的角度系统而全面地对城市大气污染对人群健康状况的影响以及所造成的经济损失做以测算，弥补了针对特殊区域大气污染治理成本测算中对健康经济损失成本测算部分的不足，为环保相关部门更加准确地估计现阶段大气污染造成的经济损失提供数据支撑。

（2）现阶段已有的研究成果更加侧重于从不同研究视角和运用不同方法对环境污染损害问题进行探讨，尚未见专门从某一城市问题出发围绕能源消费大气污染及其对居民健康的影响或风险进行预测。本书从能源消费结构入手，针对不同能源消费结构设置不同情景，并对不同情景下 2025 年及 2035 年的大气污染状况进行预测，同时对不同人群健康风险进行预测，其结果可以为下一阶段政府部门建立大气污染对居民健康危害的预警工作、制定污染防治政策法规提供参考依据。

1.6　本 章 小 结

本章对本书的研究背景、研究意义、研究思路、研究内容和研究方法做了整体介绍，从大气污染的健康效应、大气污染与经济发展关系、大气污染的经济学评价以及能源消费对大气污染的影响四方面对现有国内外相关文献进行了梳理，认为反映大气污染城市与居民健康关系的指标、标准等尚需要进一步的界定和考量，无论从研究视角、研究内容和研究方法上，都有待于更深层次的挖掘。本书在文献梳理的基础上提出了研究的整体思路，按照"理论构建—计量模型—实证分析—政策含义"这一标准研究范式研究经济学领域的人群健康负担相关问题。

国内专门针对城市的大气污染对居民造成的健康经济损失及健康风险预测的研究尚处于起步阶段，相关实证研究的结果将进一步促使该领域研究向纵深发展。

第2章 概念界定与理论回顾

大气污染的产生受到多种因素的共同影响,无论是哪一种因素所产生的大气污染对人类的生存和发展都产生了严重的威胁,如果未对大气污染高度重视,对其加以整治和管理,很可能会产生更为严重的后果。大气污染中存在着较多的对人类健康以及动植物生存产生危害作用的物质,如硫化物、氮氧化物、粉尘颗粒、一氧化碳等。这些物质会对人体的消化系统、呼吸系统等造成破坏,如果人体长期处于这样的环境中,很可能会产生消化系统疾病、呼吸系统疾病,甚至是肿瘤。本章将对大气污染、健康效应、健康风险以及生态补偿的概念加以界定,借助于可持续发展理论、环境流行病学理论以及健康成本效益理论对大气污染对人体所产生的不利影响进行分析,并从健康损害机制以及健康评价机理两方面揭示大气污染对人体健康所产生的巨大危害。本章内容结构框架图如图2-1所示。

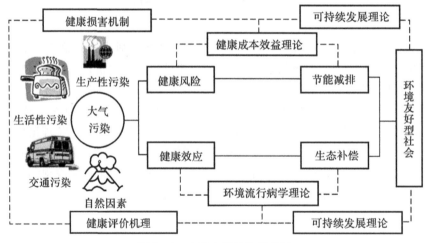

图2-1 本章内容结构框架图

2.1 相关概念界定

1. 大气污染

大气污染是指由自然过程或人类活动引起某些物质进入大气,呈现出足够的浓度,达到了足够的时间,并因此影响人体的舒适、健康、福利或危害环境。这些物质被称为大气污染物。因为干洁大气中的各气体组成量相对较小,所以对干洁大气中的气体组成进行有效衡量是相当困难的。但相对于一定范围内的大气,出现了原来不存在的一些微量物质,并且这些物质存在的数量以及持续时间会对所属范围内的动物、植物以及人类的生存与发展带来不利的影响和危害,这种影响即大气污染物对生态和人体造成的影响。总体而言,当大气中污染物质的浓度达到对生态以及人类的生活造成破坏的条件时,这种对物或者人造成严重伤害的现象统称为大气污染。而大气污染物则是指能够使空气质量变差的所有物质。简单来说,就是向大气层中排放的有害物质过多,对人和环境产生了不可忽略的负面影响。根据定义,大气污染物的来源有两个:一是自然界自然排放过程的排放,二是人类活动产生的排放。自然环境的自我净化机能会使自然排放过程造成的大气污染在经过一定时间后自动消除,即生态平衡的自动恢复。从这个角度上讲,如果没有人类活动产生的排放,自然排放过程不会导致大气污染,难以被自我进化的自然排放过程造成大气中有害物质的增加是大气固有的规律,大气污染主要是人类活动造成的,只不过由于人类活动排放污染物的叠加效应才使自然排放过程被考虑在大气污染原因之内。由于自然排放过程的排放就像气象条件一样,只能了解其规律却很难实施人工干预,所以对于这个过程污染物的排放,人类只能监测,既无能力也没有必要干预,然而人类活动的排放过程则是大气污染治理的主要对象。

目前大气污染物质的形成因素较多,大体上可以分为人为因素以及自然因素这两方面。其中人为因素主要是指生产性污染、生活性污染和交通污染三大类。生产性污染是在工业发展过程中,各种大型化工、钢铁等资源消耗型重度污染企业由于生产过程的需要而燃烧排放的各种带有污染性质的物质。这些污染物质主要包括:①各类型工厂生产中所排放出的含有烃类、酚类、苯类以及硫化氢等有毒物质的气体;②化工厂向大气中排放的未经处理的各类有腐蚀性、刺激性的有机或无机气体;③钢铁厂、水泥厂在生产过程中所排放的金属粉尘以及矿物颗粒;④化纤厂排放的 H_2S、NH_3、CS_2、甲醇、丙酮等。生活性污染是人们在满足洗澡、做饭、供暖等需求的过程中,燃烧煤炭对大气所释放出的各类烟尘。这种污染分布较广泛且数量巨大,存在着巨大的危害。交通污染是由飞机、船舶、汽车等交通工具(移动源)排放的尾气。在一些发达国家,汽车排放废气已构成大气污染的主要污染源。而自然因素所产生的大气污染物质主要包括火山爆发、森林火灾等。相对于自然因素,人为因素在大气污染中起到决定性作用。尤其是随着社会的进步与发展,各种大型化工、钢铁产业相继出现,各种运输设备层出不穷,在工业生产以及运输过程中产生了大量的大气污染物质。

无论是生产性活动还是消费性活动,都会产生大气污染物。具体而言,大气污染物主要包括两大类:一类是气溶胶状态的污染颗粒,另一类是气体状态的污染物。气溶胶状态的污染物主要是指固体粒子、液体粒子或它们的悬浮体,从实测角度看,这些颗粒物又可以分为粉尘、烟尘、飞灰、黑烟、雾等。常说的 PM_{10} 和 $PM_{2.5}$ 就是污染颗粒物。气态污染物则主要包括硫化物、氮化物、碳化物、氮氢化物以及卤族化合物等。气态污染物最大的特点是可以分为一次污染物和二次污染物。一次污染物是指直接从污染源排放到大气中的原始污染物质,二次污染物是指由一次污染物与大气中已有成分或几种一次污染物之间经由一系列化学反应而产生的与一次污染性质不同的新的污染物质。换句话说,二次污染物是通过大气化学反应而产生的,其原子部分或全部来源于一次污染物,但分子构成却不同于一次污染物,显然产生二次污染物的大气化学过程的存在会使大气污染问题变得复杂很多。首先仅仅掌握向大气中排放污染物的情况,并不能准确判断大气污染物的实际情况;其次想要准确掌握二次污染物的产生情况,就必须了解大气环境的真实状况,不但要知道大气中现有污染物的情况,还要了解大气的温度、湿度、压强等条件。人类的经济活动是产生一次污染物的主要源头,其中生产性活动所占比例较大,消费性活动所占比例较小。简单来说,一次污染物的来源可以分为燃烧工业、生产过程和交通运输三大类,目前经济学领域所进行的大气污染方面的研究基本仅考虑一次污染物排放情况。大气污染物的具体成分包括 PM_{10}、$PM_{2.5}$、SO_2、NO_x、CO 等。PM_{10} 是指直径 10 μm 以下的空气悬浮颗粒,而 $PM_{2.5}$ 是直径指 2.5 μm 以下的悬浮颗粒。SO_2 对人体健康以及植物的生长都会产生严重的危害。当人体处于含有 SO_2 的环境中时,呼吸道会被强烈刺激。当植物接触 SO_2 时,生长会被抑制,SO_2 对植物叶片损害程度较大,导致叶绿体大量被破坏,叶绿素产生明显下降。NO_x 是大气污染物中危害性较强的一种物质,主要是由硫化物燃烧所产生的气体。无论是 NO 还是 NO_2,都会对人体的呼吸系统产生严重的损伤。CO 是一种比 NO_x 对人类健康危害更大的污染物,现阶段的排放量在所有污染物中是最高的,其主要是由燃煤、石油等能源燃料的不完全燃烧所产生的。CO 是无色、无臭、无味的气体,与血红蛋白有较强的结合能力,进入血液后会与 O_2 竞争并优先与血红细胞结合而导致人体严重缺氧。

我国大气污染的成因归纳起来主要有以下几方面。

(1)生活燃煤。每逢进入采暖季,我国北方的空气质量就容易出现大范围恶化,连续出现雾霾天气,大气环境质量极不稳定。追根求源,很大一部分原因就是在我国北方部分地区冬季采暖时集中供暖的供暖锅炉大多数还是烧煤的,且仍有部分个体居民户还在燃烧散煤,而煤炭燃烧后会产生硫化物、粉尘等污染物,直接导致大气受到污染,这种污染就是单纯地由于人为活动所造成的,是一种不容忽视的污染源。

(2)工业生产。工业是世界各国经济增长的主要来源,工业虽然创造了大量的 GDP,但是也造成了严重的大气污染。工业生产过程中排出了大量废物,既有烟尘,也有气体,甚至还有一些悬浮颗粒物。总之,工业生产过程中排出的污染物种类非常多,危害特别大,是全球大气污染的主要成因。虽然现在科技越来越发达,各国对环境保护的要求越来越严格,但在工业生产过程中难免会产生污染物,造成大气污染。如水泥厂、化肥厂、化工厂、电冶厂、铁合金厂等在生产过程中,会直接或间接地产生大量的烟雾及粉尘,对大气环境可谓是致命打击,对人体的危害也是显而易见的。

(3)交通运输。现在的交通运输工具特别多,也特别先进,它们在使我们的生活更加方便的同时,也产生了大量的污染物,造成了大气污染。尤其是城市中的汽车是造成城市大气污染的重要成因。随着人们收入增加,购买私家车的家庭越来越多。虽然近年来国家提倡购买电动车,但目前大多数的私家车仍然是燃烧汽油的,汽车排出的尾气中包含一氧化碳、二氧化硫、氮氧化物和碳氢化合物等污染物,对城市的空气污染特别严重。

(4)建筑施工。城市的发展离不开建筑施工,近些年我国的建筑业发展迅速,使得我国许多城市"一年一个样,三年大变样"。但由于对工地的管理不善,未采取有效措施治理施工过程中产生的扬尘,从而会造成大气污染。例如,施工现场裸露土地未进行覆盖,施工场地内道路未进行硬化,缺乏洒水车、雾炮等洒水降尘设施等,尤其是在一些监管不到位的郊区工地上,施工扬尘漫天飞扬,造成空气中颗粒物浓度升高,给周边生态环境带来较大破坏,甚至影响到附近农作物的正常生长。

(5)垃圾处理。随着城镇化进程的不断加快、城市人口迅速增加、居民生活水平不断提高,城市生活垃圾量随之大幅度增加。再加上人们传统的生活习惯以及对环境保护的认识不足,导致行为上不够积极、不够配合,比如有的城市每逢庙会、集市过后,满地狼藉,垃圾随处可见。

生活垃圾处理这个过去的小问题已经演变为困扰各级政府环保部门的大难题,传统的垃圾处理主要是进行填埋掩盖,但是该措施占地面积大、污染土体水体、持续散发刺激性气味,从而污染大气、影响人们正常呼吸,甚至有些地方已经严重困扰了人们的正常生活。

大气污染主要由污染物质排放—大气传播—物与人遭受伤害这三个基本环节组成,对于污染物所能产生的污染范围以及程度则受到污染源的本质、污染物的性质、地表特点以及气象特点等因素的影响。而气象特点主要包括风速、风向等,它直接影响到污染源传播的进程快慢以及走向。大气所含有的污染物质越多,所产生的危害也就越为严重。当污染物进入大气层中时,会逐渐地稀释并随着风向扩散。如果不能进行有效的控制,极易造成污染范围的急剧扩增。风速越大传播的速度越快。当发生逆温层时,会导致污染物质在一个区域大范围地聚集形成大气污染事件。缓解大气污染最为有效的方法是通过降水达到净化的目的,但是随着雨水流入土壤、河流中,又会造成地下水、地表水受到污染。当工业生产以及运输产生的烟气在大气中传播时,一旦碰到山地或者丘陵则会在迎面风的作用下逐渐下沉聚集,在该区域逐渐形成污染区。而在盆地或者谷底时烟气会大量地聚集而不易扩散,在这些区域会形成浓度相对较高的污染区。

2. 健康效应

联合国环境规划署在 2016 年第二届联合国环境大会上发布的《健康环境健康人类》专题报告指出,空气污染已成为全球范围内对人类健康威胁最大的环境问题。采取行动改善空气质量迫在眉睫。一项由中国、美国和以色列的科研人员共同发表于《美国国家科学院学报》的研究报告指出,因空气污染,中国北方居民的人均预期寿命与生活在南方的居民相比,少 5.5年。在其他因素相同的情况下,空气污染越严重,人均寿命越短。重污染天气会对公众健康造成损伤是不争的事实,无论是在气象学界还是医学界,这已经成为共识,并被流行性病学的调查和一些实验室的研究所证实。从大气污染对人体健康的影响程度来看,健康损害可以分为未出现疾病症状的亚健康状况、疾病以及死亡三个层次。无论是对于哪一个层次,我们都可以清楚地了解到大气污染对人体的健康有着直接的影响作用。它可以对人体的心脏、血液循环、内分泌系统以及呼吸系统等产生不同程度的损害,进而导致患者出现心血管类、呼吸类、免疫类等疾病,严重的甚至会导致死亡。大气污染对人体影响的严重程度受到多种因素的影响,比如大气污染中有害物质的成分、浓度,所处空间的通风性,个人体质等。但是不可否认的是当人体暴露于大气污染下,人体的机能以及器官会不同程度地受到影响。此外当人体处于大气污染的环境中时,也会对心理产生诸多不良影响,比如焦虑、抑郁、恐惧等。大气污染中的有害物质会通过人体的呼吸道、皮肤等对人体产生伤害,还有少量的物质会通过消化道对人体产生危害。人体表面接触到这些污染物质时会出现结膜炎、皮肤过敏等不良症状,但是毕竟人体表面所接触到的危害物质量较少,不会产生较大的危害。主要对人体产生严重危害的是借助于呼吸道进入人体内的污染物质,这些物质会对人体器官造成严重破坏,导致人体产生各类严重疾病。大气污染物质对人体造成危害最大的是呼吸系统,长期处于这样的环境中会导致肺炎、呼吸道炎症、过敏性肺部疾病等。如果这种状况长期得不到改善,极易引发癌症,最终导致死亡。大气污染中的大气颗粒物是对呼吸系统造成严重损伤的主要物质,当这种物质借助呼吸道进入人体内时会对肺部产生刺激,使得机体的原有平衡遭受破坏,进而导致巨噬细胞活力衰退。并且在这些大气颗粒物中还会携带一些有毒、有害物质(多环芳烃),进入人体后会与细胞发生作用,损害机体的正常功能。

大气污染对人体健康所造成的影响与污染的浓度有着密切的关系,当浓度较低时人体一般不会出现不良健康效应,但是随着污染物浓度的逐渐增加,出现不良反应的人群会增多,当达到一定的浓度界限时,几乎所有的人都会出现不良健康效应。对于环境污染物,污染程度的不同会对人体产生不同程度的影响,这是一个由量变到质变的过程。环境污染对人体健康的损伤主要表现在特异性损害以及引发畸变作用、突变作用等方面。当污染物未超过一定的范围和水平时,人体会通过自身的自我调节功能去消除污染物的影响。但是人体的生理调节功能是有限度的,当污染物程度达到这个限度时就会造成人体内各机体功能发生障碍,从而引起疾病。对于一些经常接触污染物质的高危人群,在长期处于污染的环境中发生疾病的概率相对更大一些。可以将人体对环境污染物的反应过程分为正常调节、代偿状态以及失代偿状态三个层次,在前两个层次自身能够对污染物质进行调节和抵抗,而在第三个层次机体则会受到伤害、生病或者死亡。

大气污染引起人体感官和生理机能的不适反应,直接或间接地影响着人体健康,从而诱发急性、慢性中毒或死亡等。由于不同地区污染物质的来源、性质、浓度和持续时间的不同,同时存在气象上扩散条件的差异,加之不同地区人群的年龄、健康状况存在差异,从而对不同区域、不同年龄层次的人体健康会产生不同程度的危害。从 20 世纪 90 年代以来,一些复杂的统计模型,如病例交叉研究方法(case‐crossover study method)、横断面研究方法(cross sectional study method)和队列研究方法(cohort study method)被广泛用于定量评价空气污染对人群的健康效应研究。这些模型与以往的普通回归分析相比,其优点在于对相应疾病序列进行处理,调整死亡(发病)的长期、季节趋势,同时在建模时考虑到了混杂效应(周末效应,节假日效应,气温、湿度等气象要素)的影响。近年来,广义相加模型(General Additive Model,GAM)基于其建模的灵活性,逐渐被应用于空气污染对人群健康影响的时间序列研究中。随着我国重大空气污染事件(如大范围的雾霾等)发生频率的增多以及人们健康意识的提高,在借鉴国外污染健康效应研究的基础上,我国经济较发达地区也陆续开展了空气污染健康效应的相关研究工作,其整体研究结果与国外类似,发现不同种类的污染物均会对人群健康产生不同程度的危害。此外,对人体健康造成影响的因素主要包括生物学因素、环境因素、卫生保健服务因素以及生活方式因素。

(1)生物学因素。生物学因素主要指的是遗传机制以及心理作用。所谓的遗传也就是指人体的生长发育状况、衰老疾病等,即人在出生时自身可能携带着致病遗传基因,即使没有在最初显现出来,在后期的生长过程中这种遗传效应也会逐渐显现出来。而心理则主要是人看待世事以及事物的观点,有些人总是抑郁、焦虑、紧张,因此更容易导致疾病的产生,对健康极为不利。

(2)环境因素。环境因素主要包括自然环境以及社会环境两个大的范畴。对于自然环境而言影响因素较多,比如生物因素、土壤因素、化学因素、物理因素等,这些都很可能对人体的健康产生严重影响。而社会环境则相对复杂,它包括经济水平、文化教育、政治制度以及科技发展等。当人处于良好的文化教育、政治环境下,身心能够健康地发展,对人体健康起到较好的促进作用;而当人处于动荡不安、社会紊乱的环境下时,自身健康将难以保证。

(3)卫生保健服务因素。该因素对于人们的健康起到保障,良好的卫生保健系统能够在人们患病或者感觉不适时提供有效的治疗,帮助人们消除疾病的困扰,及早恢复健康。

(4)生活方式因素。生活方式因素是对人们的健康和寿命影响最大的一个因素,正确的生活方式能够使得人们更健康、长寿,而错误的生活方式则会严重地影响人们的健康,比如人们的饮食习惯、运动、劳动强度、精神状态等。许多疾病的出现都和人们错误的生活方式有关,比如经常饮酒、抽烟、运动较少、膳食营养不协调等会导致糖尿病、高血压、心脑血管疾病发病概率较高,严重时甚至会造成死亡。

3. 生态补偿

生态补偿是环境保护方面讨论最为热门的一个词汇,各政府机构对这一领域都进行了深入的分析和研究。该种模式是否能够在环境保护实践中发挥出应有的作用,将作为众多科研工作者重点研究的话题。生态补偿的宗旨主要是通过生态补偿这一手段来使得在环境保护与经济发展过程中所造成损失的人员得到有效的补偿,达到一种微妙的平衡状态。生态补偿并不是对现有环境保护政策以及观念全盘否定,而是对现有环境保护政策的一种补充和完善。正确地理解生态补偿,就需要从生态补偿概念界定中的核心问题着手。

现阶段我国相关学者对生态补偿概念界定的核心问题就是生态补偿的对象,也就是说,该对谁进行补偿。对于这个问题主要存在着以下三种理解,这三种理解是从不同的角度进行论述的。

(1)第一种理解是生态补偿所需要补偿的对象应该是整个生态环境本身,这个巨大的自然主体在发展过程中由于受到人的社会活动影响而导致了自然资源受到严重损害,整个生态系统面临前所未有的危机。应该通过政府以及相关部门下发政策以及法律法规,采取有效的措施和手段改善自然环境,使得由人造成自然的自我反馈以及调节恢复功能遭受破坏的现状得到弥补,帮助自然缓解和消除环境污染的伤害。

(2)第二种理解主要是对区域政府、企业、居民等社会主体的补偿,这主要是通过对当地的政府以及企业、居民给予相应的激励,以此来激发大家共同担负起环境保护的重担。借助于这一经济补偿手段,有效地调和人与自然在发展过程中的矛盾,改善当地环境状况。在经济发展的过程中一些行业造成了严重的环境破坏,尤其是矿产行业。在这些行业发展的过程中,一部分人在环境破坏的同时赚取了大量的钱财,而一部分当地居民却在承担着环境恶化的后果,因此可以将这些经济占大头的人的经济收入拿出一部分和受害的居民和政府共享,使得双方都能够受益。

(3)第三种理解则是对以上两种理解的融合,讲究生态补偿应该是对自然主体以及社会主体的双重补偿,指的是对于已经造成环境恶化和损害的区域的环境给予保护和恢复,采取多种措施抑制环境破坏的发生。另外,对破坏环境的人员给予相应的处罚,减少环境的继续破坏。对于因生态环境破坏而丧失经济收入的社会群体给予一定的经济支持,帮助这些人渡过难关。这种生态补偿理念既反映了对自然的补偿,又体现了对人的补偿。

随着生态环境对经济发展的影响不断加大,我国采取了一系列保护生态环境的政策措施,生态环境状况得到显著改善。但在实践中,生态保护的结构性政策缺失问题也逐渐显露,尤其是生态效益以及相关的经济效益在生态环境的保护者、受益者和破坏者之间存在分配不公平的问题,不仅降低了生态环境保护工作的有效性,也影响了各地区和利益相关者之间的和谐。鉴于此,建立生态补偿机制的重要性日益凸显。通过建立生态补偿机制,能有效协调参与生态环境建设的各方主体之间的利益关系,实现金山银山和绿水青山的有机统一。然而对于大气污染的治理,各级政府面临着两难选择。对大气污染进行治理,显然能够提升地区生态环境,对辖区内居民的生存环境和身心健康都有积极作用,有利于地方吸引人才,扩大城市规模,推进城市化建设,对社会经济的可持续发展具有促进作用。但从另一个角度来看,经济增长是各级地方政府获得财政收入、完善社会保障体系、加强公共服务建设和提升政绩考核成绩的重要指标。在产业升级转型的过程中,如果采取过于严苛的大气污染治理行动,必然会加重对经济增长的负面影响,拖累产业结构升级,对地方社会经济发展造成影响。从本质来看,大气污染治理和经济发展有着共同的社会经济价值取向,两者需要在社会主义生态文明建设的框架下,实现内在统一和协同发展。

针对大气污染生态补偿的市场化和多元化探索,可以从参与主体、补偿标准和补偿资金等角度着手。需要考虑城市所处的工业化发展阶段,将处于工业化发展后期阶段的城市列为补偿主体,将处于工业化发展初期和中期阶段的城市列为受偿主体。在补偿主体城市群和受偿主体城市群内部引入市场竞争机制,以污染物排放、空气质量达标天数、绿色技术投资、绿色产业占比等指标为依据,对补偿主体采取"多排放多补偿,多清洁多降费"的原则,对受偿主体采取"多保护多受偿,多污染多扣费"的原则,在补偿主体和受偿主体内部形成良性市场竞争,提高大气污染治理效率。同时,各城市可依据"多排放多补偿,多清洁多降费"和"多保护多受偿,多污染多扣费"的原则,对本辖区内的企业进行监管和奖惩。最终形成由各级政府到各类企业层层递进的市场竞争机制,推动大气污染生态补偿的市场化发展。

4. 健康损害补偿

健康损害补偿是生态补偿的一部分,主要体现了在环境保护过程中经济、环境与健康平衡发展的理念。生态丧失平衡的原因并非是单纯的环境破坏,而是因为相关政府部门所出台的一些环境保护政策难以很好地调和经济发展与环境保护之间的矛盾冲突。由于这种矛盾冲突造成的对人类健康产生的损害,理应受到补偿。现阶段国家的生态补偿主要集中在林业、牧业等领域,主要是对受损害的社会主体的补偿,是对在因环境破坏和生态丧失平衡过程中遭受损失的农户、企业、当地区民以及政府机构给予经济、技术以及政策上的支持。比如宁夏回族自治区固原市原州区针对于水土流失严重的现状,大力推进退耕还林、还草战略。但是在环境与健康领域,尚未认识到健康损失补偿的问题。因此,在健康损害补偿研究中,最需要明确的是生态补偿的补偿主体、客体和方式。为了更好地完善生态补偿策略,政府以及国家卫生部应及时出台相关政策法律法规,对健康受损的居民按照受损程度予以相应的经济补贴,进一步激发群众对大气污染治理的积极性和主动性。

5. 概念小结

大气污染给人们正常的生活和工作带来了严重的困扰,给人们的身体健康造成了巨大的威胁。随着人们生活、生产以及交通发展的需求增大,大气污染变得越来越严重。导致大气污染的因素众多,需要从多方面采取有效的措施进行处理。普遍认为对人体健康造成影响的因素主要包括生物学因素、环境因素、卫生保健服务因素以及生活方式因素。环境与健康的关系不能被忽视,环境所引起的健康效应值得深入研究和分析。环境所引发的健康效应主要分为新陈代谢以及生态平衡这两点。现阶段我国相关学者对生态补偿概念界定的核心问题就是生态补偿的对象,也就是说,该对谁进行补偿。对于这个问题主要存在着三种理解,无论是对于哪一种理解,我们都应该清楚地认识到大气污染所造成的危害是巨大的,相关政府部门以及每一个个体都应该共同联合起来为保护环境生态而付出自己的努力。大气污染的健康效应研究以及补偿机制的建立,将从更大的层面上为大气污染的防治提供理论依据,对于更好地推进生态环境的保护有着重要的意义。

2.2　相关理论回顾

1. 可持续发展理论

国内外学者从多方面给可持续发展下了定义,学术界和世界环境与发展委员会对于可持续发展的定义是:既能够满足当代人的发展需求,又不会对后代人的发展所需要的能力造成威胁的发展模式。对于这一理念,全球不同学者从以下不同视角给出了各自不同的看法。

(1)从自然属性视角的定义。由于可持续发展理论最早是由生态学领域的专家提出的,所以最早的观点源于生态学领域,即生态论可持续发展。早在 20 世纪初期就有国际生态联合会对生态可持续发展问题举行了专题研讨会,在会中头一次比较明确地将可持续发展理念应用于生态保护之中。该次研讨会的成果对可持续发展的自然属性进行再次强调,并明确地提出了可持续发展理念:保护环境系统的发展和再生能力,使其这种自我生产能力得以快速、有效地加强。可持续发展理念是生物圈的重要理念之一,而且其自然属性视角定义是最重要的代表理念之一。

(2)从社会属性视角的定义。1991 年,UNEP(世界环境署)、IUCN(世界自然保护同盟)与世界野生生物基金会联名发表了《保护地球——可持续生存战略》一文。该文从社会属性视角对可持续发展进行了了新的定义:人类所生存的生态系统在未超出生态系统所能容纳的范围的前提下,从提高人类生活质量出发使人类的生存环境得以持续,并提出了可持续发展九条原则,这九条原则主要强调了人的生产和生活要在生态系统所能够承担的范围内,在工业生产以及生活过程中要注重环境的保护和生物的多样性。此外,在这份声明中还提出了人类的价值观以及与环境保护相关的一系列行动方案。

(3)从科技属性视角的定义。在实施可持续发展战略时,除了需要国家政府部门的大力支持以及社会各界人士的共同努力外,还需要有高超的科学技术作为支援。如果在可持续发展过程中缺乏科学技术的支持,将很难取得更大的成绩。在后来相关学者的研究中,从科技属性视角提出可持续发展就应该是朝着更加清洁、无公害、低消耗的技术改良方向发展,实现各种污染废物的零排放,达到科技的有效缓解。在科技发展过程中,尽可能地减少对自然资源的消耗,减少各种污染废物以及肥料的产生。他们认为许多污染都是可以借助高超的科学技术避免的,会产生大量的污染是因为技术水平较差。

(4)从经济属性视角的定义。在很多领域尤其是社会学和经济学领域中,更多学者倾向于将可持续发展定义为"在保护自然资源和保持其现在和未来所能够提供的服务前提下,使现在和未来的经济效益达到最大"。从经济学视角出发,所强调的可持续发展更多的是在于权衡今天所使用的各种资源不能对后期的经济收入产生影响,也就是说,在经济发展过程中不要破坏自然资源的质量以及损坏环境。

可持续发展可以归结于协调发展、公平发展、多维发展、协调发展以及高效发展。无论是对于以上哪种定义,均是从不同的角度阐述了可持续发展的内涵。

2. 环境流行病学理论

环境流行病学是环境医学的一个重要的分支,它是对环境与流行病的关系加以分析的学科。环境流行病学主要应用流行病学的方法以及理论,对环境中所存在的污染成分以及有害因子所引发的危害人体健康的流行规律进行研究。这一理论重在研究人体的健康以及环境因素之间所存在的关系,并对其中的因果进行全面的分析。简而言之,可将这一理论称为暴露-效应关系,这样讲是因为人体长期暴露于对人体健康存在危害的污染物质以及环境有害因子中,进而导致身体健康出现问题。环境流行病学的出现主要源于对各种自然因素所导致的疾病的研究,比如较为常见的地方性氟中毒以及地方甲状腺肿等。环境流行病学的研究主要从以下几方面着手:①研究已经知晓的环境暴露因素对人体健康所造成的影响;②研究导致人体健康异常的环境有害因素,相对于第①条,该条主要是在健康疾病发生之后再去探究引起疾病发生的环境因素;③暴露剂量-反应关系的研究,主要是通过研究人群中特定的效应所出现的频率与人群暴露剂量的大小之间的联系。

在进行环境流行病学研究时应遵循以下几点:①样本要具有代表性和典型性,并且样本量越大所能反映的结果越有效。一般情况下环境污染对人体健康的影响往往是长期性的、低浓度的慢性损害。在进行环境流行病学研究时为了避免工作量较大,通常采用抽样调查的方式。在整个范围内采用随机数字法进行抽样,选取一定数量具有代表性的样本进行研究。这样既可以有效地节省物力和人力,又可以取得预期的研究效果。②环境流行病学的研究要具有对比性,在进行研究时选择暴露在污染环境中与非暴露环境中的样本,这样可以更加形象地发现环境因素对人体健康的影响。在无可靠性参考依据的情境下,借助于非暴露组作为对照组可以使得研究更加具有说服力。由于不同污染程度的环境对人体健康所产生的危害有着很大的差异,所以可以同时设立多组对比组,在不同的浓度范围内设定若干组实验对象,这样可以有效地得出不同浓度污染物对人体健康所带来的危害不同的结论。

3.环境健康风险评价理论

风险是危险因素产生危害的可能性及其严重程度。环境风险则是由人类活动引起的,或由人类活动与自然界的运动过程共同作用造成的,通过环境介质传播的,能对人类社会及其赖以生存、发展的环境产生破坏、损失乃至毁灭性作用等不利后果的事件的发生概率和不良后果。而环境健康风险则特指作用对象为人体健康的环境风险类型,定义为由人类活动与自然界的运动过程共同作用造成的,通过环境介质传播的,能对人体健康产生不利后果的事件的发生概率和不良后果。环境健康风险评价是对环境污染引起人体健康和生态危害的种类和程度的描述过程。1983年美国科学院出版的红皮书《联邦政府的风险评价——管理评价》提出风险评价"四步法",即危害识别、剂量-效应关系评价、暴露评价和风险表征,这成为环境风险评价的指导性文件。其中危害识别就是判定某种污染物对人体健康的危害种类的过程;剂量-效应关系评价就是对污染物暴露水平与暴露人群出现不良效应发生率的关系进行定量估算的过程,即污染物的致毒效应与剂量之间的定量关系;暴露评价就是测量、评价或预测人体暴露于污染物的途径、方式和剂量的过程;风险表征就是在综合分析前三项的基础上,综合估算目标暴露人群所产生的有害效应发生的概率,在风险评价与风险管理中起着桥梁作用。四个关键技术环节是暴露测量、暴露参数、暴露模型和暴露评价技术规范。目前,许多国家以及国际组织都在采用该方法。美国环境保护署还根据红皮书制定并颁布了一系列的技术性文件、准则和指南。当前,美国环境保护署的风险评价科学体系已基本形成,处于不断发展以及完善阶段。

我国的环境风险评价研究起步较晚,主要以介绍和应用国外研究成果为主。1990年,原国家环境保护局第 57 号文件要求对可能发生重大环境污染事故的事件进行环境风险评价。1993 年,原国家环境保护局颁布的中华人民共和国环境保护行业标准《环境影响评价技术导则(总则)》规定,对于环境风险事故,必要时应进行环境风险评价或分析。2004 年,原国家环境保护总局发布了环境保护行业标准《建设项目环境风险评价技术导则》(原国家环境保护总局,2004),进一步推进了环境风险评价在我国的开展。目前,我国环境风险评价工作已从生态风险评价延伸至环境健康风险评价,且环境健康风险评价已逐步成为环境管理、相关环境基准及标准制定的出发点和重要依据。

4. 健康成本效益理论

健康经济学是经济学的一个分支学科,其作为一门学科是在 20 世纪 50 — 60 年代形成和发展起来的,在国内,更多的学者将其定义为卫生经济学。其历史背景是经济发达国家卫生费用的急剧增长给政府、企业主、劳动者个人和家庭都造成了沉重的经济负担,该学科的研究领域主要为寻求抑制卫生费用增长的途径。随着近 30 年来我国卫生事业的社会化和产业化,我国的健康经济领域更多关注的是卫生部门的经济问题,而对宏观社会经济发展背景下,由于大气污染而导致人群健康受损所造成的社会经济损失问题却较少涉及。事实上大气污染给人们的生活带来了巨大的危害,同时也给经济与社会的发展带来了极大的危害。大气污染的防治工作直接关系到人类身体的健康和经济的可持续发展。健康成本效益的计算相对复杂,给大气污染测算工作带来了极大的困难,主要表现在以下几方面。

(1)大气污染治理的成本分析。对于整个健康成本效益的分析应该遵循成本分析流程的需求,也就是说在分析前要确定污染源治理的清单,要明确治理时主要针对哪些污染目标。应充分考虑污染防治技术以确定大气污染防治的综合措施。应根据污染源清单以及综合防治措施建立起系统化的健康成本管理数据库。按照成本核算模型对各治理措施的成本进行核算。

(2)大气污染治理的效益分析。大气污染治理的效益分析主要是由环境改善所带来的外部经济收益,也就是由环境治理而挽回的大气污染所造成的损失。计算公式为

$$治理效益 = 未治理情况下的大气污染损失 - 治理后的污染损失$$

在计算时主要遵循以下步骤:①确定大气污染所造成的损失的项目,确定污染危害的剂量关系;②对污染因子进行调查,对污染的状况进行全面细致的了解;③对污染区域内所暴露对象的数量进行调查;④借助之前两项对污染的物理危害进行评测;⑤将所产生的物理危害转化为经济损失。总之,在对由大气污染而产生的健康成本效益进行分析时,需要充分地参照污染损失模型,对大气污染治理的效益进行全面、细致的分析。

5. 理论评述

多年来不同领域的专家、机构和学者从不同视角、不同层面和不同理念上对可持续发展给出了多种不同的定义,并从自然属性视角、社会属性视角和科技属性视角提出了最具有代表性的几种论述。环境流行病学主要应用流行病学的方法以及理论,对环境中所存在的污染成分以及有害因子所引发的危害人体健康的流行规律进行研究。环境流行病学的出现主要源于对各种自然因素所导致的疾病的研究,比如较为常见的地方性氟中毒以及地方甲状腺肿等。在进行环境流行病学研究时所调查的样本要具有典型性、代表性以及对比性。而对于健康成本效益的分析是进行大气污染防治决策的基础,健康成本效益涉及污染源、大气质量、防治的成本、治理的方法以及损失的成本等各种数据。对于健康成本效益分析主要包括两方面的内容,

一方面是治理污染所产生的成本核算,另一方面就是污染治理的效益分析。整个健康成本效益理论的发展与推进也是遵循这两方面的内容而开展的。

在以上的论述中我们清楚地了解到可持续发展的概念以及其在环境保护方面所显现出来的作用,环境流行病学将环境对人体健康所产生的危害进行全面、细致的分析,为进一步推进健康成本效益打下了坚实的基础。但是在本书的论述中由于文献资料有限,所以对健康成本效益的论述过于片面和笼统,还需要进行更加深入的研究。

2.3　相关理论分析

1. 大气污染健康损害作用机制

大气污染可以在很大程度上改变血管的紧张性进而引发机体产生动脉粥样硬化、全身性炎症以及自主神经效应等不良反应,给人体健康带来极大的损害。下面列举几个由大气污染引发的疾病以及其作用机制。

(1)大气污染引发的心血管疾病形成的机制。当人体在接触到污染物质后,污染物质中的有害成分会对人体的各部位血管产生紧张性改变。当人体长期处于高浓度的污染环境下,会造成动脉受损。PM_{10}会作用于血管中的紧张素,使得受体接收到的信号增强,进而调节酶的活性,导致血管收缩加重。此外,在受到外界污染物质刺激时也会相应地产生内皮素,内皮素的产生也会相应地激发血管收缩。在烟雾之中经常会存在一些脂溶性物质,这些物质进入人体中会造成动脉内皮严重受损,使得内皮非依赖性血管扩张潜能得以降低。氧化应激效应是导致人体健康受损的重要机制,在污染物中的 DEPs 以及 $PM_{2.5}$ 均会对人体产生诱导作用从而产生氧化应激反应。

(2)大气污染引发动脉粥样硬化形成的机制。由于大气污染所引发的人体系统性炎症会随着时间的推移产生动脉粥样硬化,如果时间较短则会导致心血管异常事件的发生。如 PM_{10} 在很大程度上能够导致血红细胞的炎性反应并随后进一步导致胆醇沉积增加。此外,大气颗粒物还可以直接对血管内皮细胞产生作用,现阶段推测这是大气污染导致心血管类疾病的重要机制之一。

(3)$PM_{2.5}$对心律造成影响主要是通过活性氧族引发的,这也是心血管疾病发病的重要原因。在 $PM_{2.5}$ 中所存在的可溶性过渡金属会强化氧化应激反应,使得人体炎症反应得以增强。高浓度超微小颗粒物通过氧化应激反应可能导致全身性炎症和心脑血管系统的急性反应,并进一步引起血压骤性升高和心梗、脑梗等恶性健康效应的发生。

(4)大气污染引发恶性肿瘤疾病的形成机制。当人体长期处于大气污染的环境中时,大气污染中的有毒有害物质会长期作用于肌体。这种长期作用会对人体内的遗传物质造成损伤,导致生殖细胞发生异变。生殖细胞逐渐增殖所产生的新的细胞会产生各种异常情况,这种现象称为致畸作用。如果这种异常情况引起肌体内遗传信息以及遗传物质发生了改变,那么这种现象则被称为致突变作用。肌体在受到有害物质的长期伤害后很可能产生肿瘤,这种由长期接触环境中的致癌因素而诱发的肿瘤又叫作环境瘤。

(5)大气污染导致呼吸系统疾病形成机制。大气污染物质会借助人体的呼吸系统进入人体内,进入之后会对肺部产生严重的影响,导致肺部功能失衡。借助呼吸道进入人体内的有害物质将无法被肺部有效地分解和排除,进而会刺激人体相关器官,产生支气管哮喘、慢性咽炎、鼻炎等呼吸系统疾病。

2. 健康损害评价机理

对大气污染的健康损害评价机理进行研究,首先需要对大气污染的人群暴露水平以及暴露的特点进行全面、细致的评估与分析。这相对于其他方面的评估要更加困难和复杂,但是在研究大气污染对人体健康的危害时却是相当重要的一项内容。根据世界卫生组织对暴露的定义,可以了解到实际上暴露就是指一个人亦或是一群人在一定的时间以及空间中同化学以及物理因子的接触。暴露评价是健康损害评价中的一个重要内容,对人体在大气污染中的健康损害进行评价时需要从以下几方面出发。

(1)大气污染的暴露特征。室外是人们生活、工作等各种活动较为密集的场所,对人而言,在一天中的 1/5 时间是在室外度过的。而室外是大气污染存在的重点区域,在研究时主要应对室外的暴露水平进行评价。对于人群的健康而言,室外暴露起着很重要的作用。随着人类社会发展水平的逐渐提高和各种新型工艺逐渐出现,大气污染物的来源以及种类越来越多,由此也引起了污染成分的逐渐增多。各种新型的化工原料与产品、工业生产废弃、汽车尾气、火山喷发、废物燃烧等所产生的大气污染成分越来越多,人们接触到这些大气污染成分的概率大幅度提高。

(2)"时间-活动"模式是对暴露评价的重要参考依据,对于大气污染对人体的健康损害评价有着重要的意义。"时间-活动"模式主要包括以下内容:①各种活动的时间分布安排。人类在从事各类室外活动时难免会接触到大气污染,按照每月或者每年在室外所参加的各类活动的时间累积和以及该人在定期内所参加活动的频率可以计算出在大气污染中暴露的时间。而对于时间-活动的空间分布类型,则需要借助污染物的性质、传播介质、污染物的特征等进行准确的描述。②对日常活动以及活动区域污染严重程度的影响因素,也可以称为微环境参数。③在进行各类活动时在大气污染下的暴露接触强度参数。

3. 基于污染权治理的科斯定理

污染权的交易最初是由科斯定理引申出来的。科斯提出,保证某种前提条件的存在,相关直接利益人能够私下协商达成一定的共识或者协议以处理经济外部性现象,这样能够帮助创造最佳的社会价值。具体体现在科斯定理中的表述为:财产的所有权有具体的归属,且当不存在交易成本时,不管财产最初的所有权在谁手上都能够实现效率较高的市场均衡,市场达到帕累托最优的状态。从中可以看到,市场分配资源的效率不会随着产权初次分配的改变而改变,这一现象存在的基础是不存在交易成本。很显然,在实践过程的经济社会中,必然是存在一定的交易成本的,也就是说,市场分配资源的效率将会随着产权的初次分配而产生较大的波动。而且,污染权能够得以完整交易还取决于污染问题涉及的双方当事人属于法人实体。只有这样,双方当事人才有资格就污染问题进行合理的协商,并达成相关的交易合同。然而,在实践中,污染者和被污染者的界定往往存在一定的模糊性。例如,近些年来愈演愈烈的大气污染现象,其污染的造成者具有多样性,受到污染的一方也很难明确:①对于污染问题的双方当事人来说,产权的界定非常模糊,难以明确。②即便产权能够得以明确,由于污染权指的是能够造成污染、侵害他人利益的权利,所以产权明确也就意味着默认了侵害别人的存在。③虽然污染权的交易合同中明确了允许污染者能够产生的污染量的数额,但是对于污染的性质和造成污染的空间没有明确的划分，由此一来，长时间的大面积污染将会使得区域内的环境遭受严重的破坏，甚至无法修复。④单由市场调控环境问题很容易造成对利益的过分追求而无限制地牺牲环境，从而造成恶性循环的局面。这是因为污染和治理往往是共存的，污染治理市场将会实现 GDP 的上升。经济合作与发展组织所发布的相关数据显示，污染治理和相关垃圾废弃物等处理的市场的年生产总值高于 6 000 亿美元。尽可能地实现最小的污染问题处理的交易成本才是科斯定理在经济社会中最大的指导作用。

4. 基于环境污染外部性的庇古税理论

庇古(Arthur Cecil Pigou,1877 — 1959)认为，国家应该按照污染者造成的污染的严重程度来划分不同的征税等级，要求不同的污染者缴纳不同的税款，从而用来平衡私人和社会两种成本。庇古是第一个提出以征税来解决污染问题的学者，他的理论后来被称为环境税理论。庇古构架了较为完整的外部性理论体系，并创造性地制定了利用征收庇古税管理污染治理等相关事宜的方案。所谓外部性，指的是在没有市场交易或者交换活动存在的情况下，某经济主体的某种行为便能够对另外的经济主体产生正向或者负向的影响。外部性产生的来源主要有两个，一是市场交易受到限制不能完成，二是补偿性支付活动的产生。外部性的存在使得资源配置的效率受到严重影响，帕累托最优无法实现。外部性的效果有正或负两种。当负外部性使得经济发展受到一定侵害时，应该制定合理的方案措施来进行治理，因而庇古建议以征税的形式进行处理。庇古指出，企业在进行生产经营的过程中考虑的只有自身的利益，其生产经营产生的外部性污染将不会列入其考虑之中，实际上污染给企业带来的是一种外在成本，但是通常情况下，企业财务管理的会计成本中是不包含这一项的，进而造成了污染导致的私人和社会两种成本之间存在一定的差距。如此一来，某些经济主体在具体的生产经营活动中获得效益和消耗的成本以及其对社会产生的效益和成本之间具有不一致性。

5. 环境价值理论

环境资源既包括土地、森林、草地、空气、阳光等自然要素，也包括这些要素整体构成的自然景观及通过其自身调节能力提供的环境容量等。环境资源价值可从稀缺性理论、劳动价值论、效用价值论、双重价值论、地租理论等不同理论视角来进行阐释。从稀缺性理论角度看，环境资源是一种基本生产要素，随着经济化会发展，其供需矛盾日趋紧张；这种稀缺性构成了自然环境资源的价值基础和市场形成的基本条件。马克思劳动价值论认为，商品价值取决于物化在商品中的社会必要劳动。而环境资源的价值为凝结在其中的人类抽象劳动，即人们对环境资源的发现以及利用、保护等经济再生产过程中所直接或间接投入的物化劳动或活劳动。按照效用价值论的观点，环境资源价值的实质为人们对其所能满足人的欲望能力的感知与评价，其衡量尺度是其边际效用。双重价值论则认为自然资源环境的价值主要包含两部分：一是天然产生的、未经人类劳动参与的那部分价值，即自然资源环境自身的价值；二是人类在自然资源环境开发利用过程中的劳动投入所产生的价值。从地租理论来看，地租就是一种资源租金，环境资源的价值就体现在资源租金中。由于环境资源的优劣程度不同而造成等量资本投入等量资源体上产生的个别与社会生产价格的差额，则为资源级差地租。以对环境资源及其价值评价的理论与方法为依据，加强大气污染健康损失价值的认识和研究，有利于提升对人居环境健康可持续发展的全面认知，也有利于建立反映大气污染健康经济市场价值及其涉及利益关系特征的健康损失补偿机制。

6. 环境正义理论

环境正义,亦称环境公正、环境公平、环境平等或生态正义、生态平等、生态公正等,是指在环境资源法律、法规、政策的制定、遵守和执行等方面,全体公民,不论其种族、民族、收入、国籍和教育程度,均应得到公平对待并卓有成效地参与其中。日本学者户田清认为,环境正义的核心思想是在减少整个人类生活环境负荷的同时,在环境利益及环境破坏的负担(受害)上贯彻公平原则,以达到环境保全和社会化公正的双重目的。具体而言,环境正义关注的是不同主体是否拥有平等利用环境资源的权利,同时是否公平地分担环境保护责任和环境危机导致的灾难等。与环境正义相对的是环境不正义,可分为实质不正义和程序不正义:前者主要是指社会生产生活产生的有害物质被社会强势群体以各种手段强迫弱势群体接收及承担;后者是指由于生产与消费的扩张及环境资源匮乏,弱势群体被迫减少或禁止使用资源。环境正义理论的核心问题是如何公平地分配生态权利或分摊生态责任,由此形成了两个相互关联的问题域:人与人之间的环境正义问题,以及人类与自然之间的环境正义问题。环境正义存在二重维度:种际环境正义与人际环境正义。种际环境正义指人与非人类生命体物种之间要实现公平,人类要尊重其他物种应享有的生存发展权利,具体分为人与自然间的正义和物种与物种间的正义。前者强调人类既拥有享用自然的权利,又要承担呵护自然的责任;后者则强调人类对自然界中其他物种的责任,即人类应将自身视为自然界中平等的一员,不能对其他物种任意奴役和摧残。本质上,种际环境正义属于类正义,它以人与自然共在的类性为哲学依据,以类伦理原则为价值准则来规范人类与自然的关系,实现人类与其他物种在存在性和发展性价值意义上的平等。人际环境正义指不同时代、性别和种族的利益群体在利用资源、维护环境的过程中,应实现权利与义务、机会与风险、贡献与索取、恶行与惩罚、善行与奖赏等多方面对应。其主要包括代内正义与代际正义。代内正义指同时代的人们应公正地分配自然资源,共同保护环境并公平地获取补偿。代际正义则指前、后代人在利用自然资源谋求生存发展方面应享有同等权利并同样承担维护环境的责任。大气污染所致的人群健康损害就是一种典型的环境不正义现象。具体来说,过度的能源消费和资源开发导致了生态环境的急剧恶化,却几乎没有主动实施保护生态环境的行为;或是在工业生产过程中,经营者只注重其经济利益,政府只关注经济高速发展带来的业绩回报,却忽视了作为社会生态系统普通人群和其他物种的健康、安全和完整,使得整个社会生态中不同利益者的付出与收益、权利与责任等方面均存在着严重的非对等性,即环境不正义问题。

7. 理论评述

随着各种科学技术水平的逐渐提高,对于个体检测以及人体生物标本的研究手段将会更加快捷和高效。能够更加准确、有效地对暴露于大气污染中的人群的实际暴露水平进行准确的评估和测量,将是对大气污染对人体健康损害进行评估的最主要也是最为基础的内容。时间-活动模式是对暴露评价的重要参考依据,对于大气污染对人体的健康损害评价有着重要的意义。时间-活动模式主要包括以下内容:①各种活动的时间分布安排;②对日常活动以及活动区域污染严重程度的影响因素;③在进行各类活动时在大气污染下的暴露接触强度参数。而暴露评价也就是对人群在大气污染的实际或者可能会产生的暴露所进行的准确的评估。不同类型的污染物质对人体健康所造成的损害程度存在着较大的差异,应根据不同污染因子对人体在单位空间以及时间内所产生的损害计算在暴露整个阶段中的损害情况。此外,从国外多年的发展经验可以看出,先污染后治理的路子显然是不科学的发展道路,但是由于近年来的大气污染已经造成了严重的后果,我们必须要对现有的工业产业进行处理,庇古税和科斯定理是两种污染处理的经典方法,但是无法判别哪一个更适用于现阶段的环境污染,只能说在不同的环境和不同的条件下,可能某一种方法更适用。但从现有的案例看,混合策略会比单一策略使用的效果更好。

2.4　本章小结

综上所述,造成大气污染的原因很多,现阶段以人为因素为主,长期的污染物吸入对人体健康会产生严重的威胁,包括未出现疾病症状的亚健康状况、疾病状态以及直接和间接死亡三个层次。生态补偿则主要体现了在环境保护过程中经济与环境平衡发展的理念,其产生的原因并非是单纯的环境破坏,而是为了缓冲因为相关部门出台的环境保护政策难以很好地调和经济发展与环境保护之间的矛盾冲突,即通过补偿机制的设定消除经济的负向外部性,进而在经济发展和社会进步过程中更深刻地体现公平公正的原则。同时,本章通过对大气污染健康损害作用机理和健康损害评价机理的阐述,对大气污染如何造成健康损害和如何准确评估大气污染的实际暴露健康损失进行了阐述,有助于在后期研究中对大气污染所造成的健康经济损失进行准确评价。

第 3 章　大气污染造成的健康经济损失理论构建

大气污染导致的健康损害越来越受到整个社会的重视。为了判断其损害程度,本章将会构建大气污染造成的健康经济损失测算体系。因为评价大气污染对健康造成的损害的指标体系过于繁杂,所以本章采用综合评价的方法,以期有效地选择指标及分析指标中所包含的信息。本章将结合课题研究的可行性和数据的可获得性对污染物、阈值、效应终端、测算方法以及可能产生的不确定性进行全面阐述。

3.1　指　标　选　择

3.1.1　污染物及阈值的界定

如前所述,大气污染物主要是指混合在大气中对人类身体有害的诸多污染气体和物质,但现阶段的流行病学研究成果还无法明确证明是何种气体或者物质导致健康效应产生特异。相关研究显示,公认的大气污染物主要包括微小颗粒物即颗粒物(PM_{10})、细颗粒物($PM_{2.5}$)以及污染气体 SO_2 等,这些污染物质与健康效应产生的流行病学之间的关联最为紧密。可吸入颗粒物(PM)、SO_2 之间不存在明显的区分,生物和化学特性之间有很多的相关联性,因此在很多情况下都会被视为大气污染物质。而在以往的研究当中是以污染气体为主,在很大程度上限制了研究的层次和深度,并不能有效地反映大气污染所带来的直接和间接的危害和损失,在一定程度上给研究的进程造成了困扰。为了避免以后的研究再出现类似的问题,学术界主要采用两种体制,一是分别以颗粒物和危害气体为研究主体,从而研究其带来的危害和损失,选择最高的那一个进行详细研究,以免重复劳动;二是把每个污染物的健康危害损失算出来,再相加,取总和为最后的健康损失。本书在研究过程中采用第二种体制来计算大气污染健康造成的经济损失。采用这种方式的原因是相对于第一种方式,其能最大程度地体现大气污染所产生的严重性,能够从根本上使居民认识其危害。

1. 可吸入颗粒物(PM)

可吸入颗粒物(PM)在其定义上主要是指颗粒粒径小于 10 μm 的微小颗粒物。其主要是由于颗粒粒径细小,所以容易通过人的初步免疫系统进入人体肺部形成沉积,同时很不容易排出,从而很大程度上会对人体健康造成危害。这些颗粒物由于尺寸细小,所以能够在空气中漂浮且不易沉降,大量集中就会形成雾霾。其主要来源于汽车尾气、化石燃料、粉尘危害以及废弃物的焚烧等。相关研究显示,粒径越小的颗粒物对人体产生的伤害越大,同时因为其复杂的化学成分,毒性或者危害性也越大。这里面蕴含的道理就是一旦可吸入颗粒物被我们吸进体内,就会一直留在我们的呼吸道中,且因为这些颗粒物很难去除,所以很容易患上呼吸道疾病。极细小的颗粒物进入人体后很有可能会引发心脏病、肺病等,对免疫系统较弱的老人和儿童来说则更容易产生危害,风险更大。

2. SO_2

SO_2 之所以被视为大气污染物,主要是因为其具有极强的刺激性,对人体的伤害极大。SO_2 主要产生于含硫矿物燃料的燃烧过程,即主要来源于煤炭的燃烧以及汽车汽油的燃烧。进入呼吸道后,SO_2 因具有溶水性好的特点,易被呼吸道和支气管的黏液吸收,进而会生成亚硫酸从而具有腐蚀性,会对呼吸系统造成直接损害,有些则会转化为硫酸,形成慢性阻塞性肺病。同时,又因为 SO_2 的特性,它也会对全身的组织免疫系统产生毒性的作用,在很大程度上破坏酶的活力,进而从根本上影响人体的新陈代谢机构,抑制免疫机构。世界卫生组织认为,为了减缓慢性呼吸病率的增长速度,SO_2 的年平均环境浓度应低于 $0.1~mg/m^3$。我国对居住区的环境质量做出了明确规定,平均每天的 SO_2 浓度不能高于 $0.15~mg/m^3$,平均每年的 SO_2 浓度不得高于 $0.06~mg/m^3$。目前,SO_2 在我国城市空气中所占比例已呈下降趋势,北方城市大多数 SO_2 年平均浓度为 $0.04\sim0.12~mg/m^3$,南方城市 SO_2 年平均浓度多数为 $0.02\sim0.06~mg/m^3$。

3. NO_2

空气中含氮的氧化物很多,而造成空气污染的主要有 NO 和 NO_2,其中 NO_2 的毒性最大,因此选择其作为研究对象。NO_2 的来源很广泛,汽车尾气、工厂废气等均会产生 NO_2。NO_2 对人体健康危害很大,尤其对幼童和哮喘病患者格外有害。据资料显示,NO_2 接触者很大可能会患上呼吸道疾病、支气管炎、肺炎等。实验室研究显示,$0.765~mg/m^3$ 的 NO_2 浓度可以增加对传染病的敏感度。

4. 阈值的界定

阈值是指大气污染物在最小范围内会对人体造成伤害的界限值,即污染物的浓度值。生物学、化学以及毒理学的相关研究发现,人体对存在的大气污染物具有一定程度上的调节以及自我保护能力,但是这种保护是有限的,一旦超过保护能力,就会伤害人体的免疫系统。已有的大气研究流行病学的研究显示,当大气污染物的浓度达到一个定值时,将会形成对人群的伤害,继而出现病发和死亡的现象。在国际上通用的就是由世界卫生组织结合癌症协会共同制定的阈值设定,世界卫生组织颁布的《全球空气质量准则》明确指出,大气污染存在导致健康损失的阈值,并建议各个国家和组织在大气污染健康损失研究中都需要采用这一准则中所设定的大气环境质量标准。为了保护环境,改善空气质量,保护人体健康,我国参照相关保护环境和治理污染的法律规定,出台了新的环境空气质量标准。表 3-1 为最新修订《环境空气质量标准》(GB 3095—2012)中所详细规定的各项污染物应达到的浓度限值。

表 3 - 1　空气污染物浓度限值

污染物名称	取值时间	浓度限值/(mg·m^{-3})		
		一级标准	二级标准	三级标准
二氧化硫 SO$_2$	年平均	0.02	0.06	0.10
	日平均	0.05	0.15	0.25
	1 h平均	0.15	0.50	0.70
总悬浮颗粒物 TSP	年平均	0.08	0.20	0.30
	日平均	0.12	0.30	0.50
可吸入颗粒物 PM$_{10}$	年平均	0.04	0.07	0.15
	日平均	0.05	0.15	0.25
二氧化氮 NO$_2$	年平均	0.04	0.04	0.08
	日平均	0.08	0.08	0.12
	1 h平均	0.2	0.2	0.24

目前鉴于不同的分类标准,如根据地区特征性、病理危害程度等,也有根据国家、地区以及时间年份等,在针对大气污染阈值方面有着不同的界定。如世界卫生组织将年平均暴露浓度 20 μg/m^3 作为 PM$_{10}$ 长期暴露的准则值,而杭州市 2014 年的大气污染(TSP)阈值设定为 0.039 mg/m^3。此外,目前大气污染物的发生和存在会影响阈值,这也是健康影响评价中研究的关键性问题。同时世界卫生组织也提出,大气对人体健康带来损失的发生是有一个标准界限的,并提议采用上述推荐的准则值来作为大气污染物的阈值。因为考虑到 10 μg/m^3 不仅是世界卫生组织采用的准则值,同时也是美国癌症协会在研究中所观察到影响生存率浓度范围的下限,所以本书将 PM$_{10}$ 年均浓度阈值定为 10 μg/m^3;同时参考我国空气质量二级标准,结合南、北方城市 SO$_2$ 现阶段年均浓度,将 SO$_2$ 阈值定为 0.06 mg/m^3;NO$_2$ 年均浓度阈值参考我国空气质量二级标准定为 0.04 mg/m^3。

3.1.2　健康效应终端的选择

1. 选择范围与原则

健康效应终端的选择主要是基于现有的大气污染物对人体所造成的危害来进行的,这主要包括由于大气污染物造成的人群呼吸系统疾病、心脑血管疾病等疾病的患病率以及死亡率增加,从而导致死亡、住院、急诊率大幅度增加,患者伴有呼吸道功能下降、发育迟缓、心率不齐等非健康的现象效应。因此在对大气污染所致人体健康损失进行评价时,健康终端的选择将会受到现有医学研究、外界大气环境,以及现有相关统计数据的限制。在确定健康终端的同时还要遵循以下原则:①大气污染物对人体健康效应终端的选择基于我国国内的医疗状况和设备,优先选择我国相关的统计数据,还要考虑到国际疾病分类表中的健康终端,确保数据的可比较性以及结果的可行性。②在选择健康效应终端的过程中还应考虑大气污染对人体健康效应终端所造成实时性的影响,因此需要结合大量的研究和数据来证实所实行的是与大气污染关系密切的健康效应终端。

在研究对象的界定方面,根据原环境保护部 2017 年的环境质量公报,以城市中大约有62%的居民暴露于大气污染的数据作为暴露人口系数,以全市人口作为暴露人口基数;在污染物指标的界定方面,根据之前对样本城市大气污染情况的分析,选择对大气污染贡献较大的 PM_{10}、SO_2 和 NO_2 作为污染物观测指标,分别计算污染物造成的疾病经济损失;在效应终端的选择上,根据美国环保局环境质量与标准办公室 2002 年 5 月公布的部分污染物对人体健康影响标准(见表 3-2),并结合阚海东、徐晓程等人对北京、上海、杭州、重庆等地大气污染损害健康所给出的临界值,经考虑,本书最后选城市大气污染的健康终端包括过早死亡、呼吸系统疾病、心血管系统疾病和儿童哮喘。

表 3-2　部分污染物对人体健康的影响

污染物	健康危害
PM_{10}	加重呼吸道和心血管疾病
SO_2	暂时性呼吸障碍、呼吸系统疾病、肺功能损害
NO_2	增大感染呼吸系统疾病可能

2. meta 分析

对于本书健康效应终端的研究首先采用 meta 回归分析方法进行分析,进一步探索生命价值和有关因素间的联系,并估算出以死亡为终点的大气污染所造成的健康损失,这不仅填补了我国在这方面的空白,而且在定量评估大气污染的健康危害及制定相关环境决策方面也具有重要意义。该方法主要采用最小二乘法(Ordinary Least Squares, OLS)所得到的估计回归系数,在研究过程中 OLS 要求相关数据必须能够同时满足独立性、正态性以及方差齐性。但是现阶段的研究工作中已有的统计生命价值(Value of Statistical Life, VSL)相关变量数据均来源于其他相关但是不同的研究中,基于数据来源的复杂性以及数据结构、样本量的多少和相关估计方法等都不尽相同,这一系列的原因导致现在研究的数据缺少方差齐性。同时在数据收集方面,OLS 在样本量相对不大的基础上很容易就会受到异常值的关键性影响。综上所述,在研究分析过程中必须检验数据存在的结构是否适合 OLS 的前提假设。鉴于这种相关性要求的实施以及需要,可采用 Shapiro-Wilk 法进行正态性模式的检验,当 $P \geqslant 0.05$ 时,则普遍认为数据可以满足其正态性,且可以充分认为这些数据具有方差齐性,满足数据分析的基本要求。此外,还能够通过相关的回归诊断,进一步分析相关数据是否存在异质性、异常性,排除外界异性的干扰,结合模型拟合的深度以及方式对其中相关变量模型进行调整。

3.2　评价思路和测算模型

3.2.1　总体思路的选择

本书主要通过应用相关大气污染物健康经济损失的理论及方法,综合采用目前国际上通用危害人体健康的定量评价标准和模型,首先对污染物进行危害认定,再结合相关暴露评价标准对污染物所致人群健康负效应进行剂量-反应度测算,实现对大气污染物浓度变化导致的健康危害的定量评估,并换算成相对应的经济价值。

总体思路如下:

(1)建立大气污染物与健康反应之间的关系:$X - Y$;

(2)在健康反应与相关经济价值间建立联系:$Y - Z$;

(3)得出污染控制的经济价值:$X - Z$。

3.2.2　污染物-健康反应模型的构建

1. 模型原理

在研究健康效应模型时,结合所设的外界环境以及相关的统计数据,本书采用了 GAM 健康效应模型。这个模型运行的思路体现在统计分析的全过程,线性回归模型大多是用来探究不同变量之间的依存关系,这是很多模型研究中常用的分析方法。我们使用的最简单的模型要属一元线性回归模型。例如设有预测变量 X 与反应变量 Y 两个变量,两者同时对应,且一一对应,则结果函数 Y 的条件值与相关 X 之间的关系即可用线性函数来表示:$E(Y/X) = \alpha + \beta X$。参数 α 和 β 两者可以采用最小二乘法(如 3.1.2 节中的 meta 分析方法)来估计。同时还可以将上述函数进一步推广到多个预测变量,比如多重线性回归模型。但在大部分情况下,函数 Y 与 X 之间的线性关系并不单一,如果使用线性模型来计算可能达不到最后的数据处理效果,而是需要建立一种可以随时调整 X、Y 之间关系的新模型来完美地描述 X、Y 两者之间的关系。因此就需要根据具体情况来改变 X、Y 两者之间的函数形式,建立新的函数关系模型来完美地描述 X、Y 两者之间的关系。处理的方法主要有两种:一种是改变反应 Y 所对应的变量期望函数形式为 $g(\mu)$,其中 $\mu = E(Y/X_1, X_2, X_3, X_P)$。此时的关系模型则主要写为 $g(\mu) = \alpha + \beta X + \cdots + \beta X_{11}$,这种模型称为广义线性模型,用来定义包含多种关系的发展。而另一种是通过改变 X 来得到所需要的数值和关系,用 $f(X)$ 来表示。此时的发展模型则可表示为 $E(Y/X) = f(X)$,在此基础上能够再进一步地推广到相关的多个预测变量,从而能够形成新的模型变量模式 $E(Y/X) = + f_1(X) + f_2(X) + \cdots + f_n(X)$,此模型称为相加模型。若将上述两种模型进一步结合可得到广义相加模型,即 $g(X) = f(X) + \cdots + \alpha f(X_1)\mu$。

根据上述分析可知,以广义线性模型和相加模型为基础,经过进一步的发展形成了广义相加模型。与此同时,经过对多重线性模型的进一步发展,形成了广义线性模型,这个模型对许多非线性和非常数方差非常适合。除此之外,以反应变量条件期望为基础,该模型在特定的函数和预测变量之间形成线性关系,因而此相关函数又被称为连接函数。上述提到的相加模型的含义是要把各预测变量的效应相加,因此在一定基础上,它能在同一时间检验出两者之间的基础性效应,很好地摆脱了预测变量本身带来的不利影响。因此,广义相加模型可以提出的唯一猜想是所含各函数项之间是相加的性质。函数与函数之间是光滑的,这个原理能用来解释一切变量和反应变量的期望之间的关系;同时函数与函数之间是光滑的,两者之间是线性和单调的,能够解释变量间的关系且适用于各个反应变量。以广义线性模型是非参数的这一切入点为基础,进一步发展形成了广义相加模型,但是后者灵活性比前者好,这主要是因为前者是函数类型模型驱动的,而后者则主要属于数据类型模式的驱动。前者参数形式不定,曲线的形状是其局限之处,后者的各项是非参数。综上所述,结合广义相加模型来看,统计数据决定的不是相关关系的参数形式,而是两者之间关系的本质(反应变量的期望和解释变量)。

广义相加模型的适用范围更广,因为它的要求相对来说最少,主要体现在 Poisson 以及 Logistic 两种类型上使用较多。可是,广义相加模型在相关性上也存在一些缺陷:①没有把预测变量间的交互作用纳入考虑的范围内,缺少合理性的安排和考虑;②它是以相对真实的曲面为基础来进行有效近似(否则就无法进行有效近似),并且当预测变量出现较大数目且精确性程度不高时,不能够很好地进行预测。虽然拥有以上两种明显的缺陷,但是其不可比拟的灵活性使它依旧受到广泛的关注与使用,涉及面也越来越广。而在本书对大气污染物与人群健康急性效应的研究中,基于已有的相关研究,笔者发现数据表现出明显的呈时间变化的趋势,从而看出这个序列是属于时间的,因此能够很好地在这个数据的反应变量和其他相关预测变量之间建立关系,且建模时要考虑到同一变量在不同时间点之间存在自相关性这个问题。广义相加模型在灵活性方面表现优良,它通过采用非参数方法,对有时间变化的预测变量进行合理估算。

2. 基本模型的建立

与时间建立相关序列活动并进行研究可以在某种程度上被用来分析自研究以来每日的健康事件相对的发生率,主要参考的指数是发病率和死亡率与每天或者某段时间内整个大气污染物浓度和其他危害人体健康因素之间的关系。而在整个时间序列的研究过程中,为了更好地实现单一线性关系变化的研究效果,可以假设吸烟、行为以及其他遗传特征等个体因素在整个研究过程中保持不变,因此不能影响模型的变化,使之成为可能存在的相关混乱因素。以前,研究者常用的研究方法是相关线性回归法,并通过该方法来计算大气污染暴露与人体健康效应之间的对应关系。现在常用的回归方法是对产生的相关反应变量估算相对危险度,例如对每日死亡人数或住院人次进行相关对数变换以凸显危险达到的程度,或者可以利用健康效应,体现健康效应是随污染物浓度的变化而变化的。

可以通过暴露-反应函数来体现大气污染物对人体健康的影响,并进行有效相关性研究,从根本上来看就是根据大气污染和健康危害两者之间的相关性进行统计学分析。主要是在排除干扰因素后,通过更有效的线性回归分析来计算相关系数 β,也就是大气污染物浓度平均每增高一个单位时相应的健康终端人群死亡率或者出现的患病率增高的比例,进行量化的比较和判断。同时在此基础上进一步推算人体健康效应的大小和以后的走向。广义相加泊松回归模型是通常使用的时间序列模型,这个模型是相对传统的广义对数线性模型来说的,在对数线性模型的基础上进行相关性的拓展延伸研究,同时在去除非关键的相关线性项后,这个模型会把有复杂非线性关系的变量和相关因变量进行函数式的应用和安排,最终以函数累加和的方式拟合出归一化的线性模型方程。

广义相加（GAM）的 Poisson 回归模型的一般形式如下：

$$\lg[E(Y_t)] = \alpha + \sum_{i=1}^{n} \beta_i X_i + \sum_{j=1}^{m} f_j(Z_i) + W_t(\text{week}) \tag{3-1}$$

式中，Y_t 为模型变量当天的死亡人数，对于每个 t，Y_t 服从总体均数为 $E(Y_t)$ 的 Poisson 分布；$E(Y_t)$ 为模型变量当天（t 日）的死亡人数期望值；α 为产生的截距；β_i 为回归模型中的解释变量系数；X_i 为可以预测的相关线性对应变量，也就是所说的当日大气污染物浓度值；$f_j(\quad)$ 为自然立方条样函数；Z_i 为对应变量发生非线性影响的变量，如时间、气象等因素；$W_t(\text{week})$ 为星期哑元变量，用于处理星期效应问题。

对于模型自由度，可以这样理解，它是指以模型似然比统计量为基础，进一步采用相似比来进行相关性的假设检验，因此需要明确各函数变量之间的自由度进而进一步确认总体自由度。因为本书的研究使用了广义相加模型，所以在计算总的自由度时，不只要考虑相关参数回归模型，还要考虑相关非参数。因此，结合线性参数回归模型和非参数光滑函数来进行有效定义，即有效自由度为

$$df(\lambda) = \text{tr}(\mathbf{S}_\lambda) \tag{3-2}$$

由式（3-2）可以看出，此时的自由度 d 是矩阵 $\mathbf{S}$ 的相对特征值之和，因此可以结合自由度 λ 计算得到相似拟合程度。再从自由度定义的角度出发，可得出自由度与其他应变量 Y 无关，是光滑参数与解释变量二者函数之和，最主要的是由光滑参数相对决定的，而解释变量的影响则微乎其微，可以忽略不计。因此可以得出结论，在某种程度上回归光滑程度可以用自由度表示。并且能够得到有效的关于两者关系的结论，即自由度越大，相应的光滑程度也就越低。在这个关系的基础上，求出残差二次方和的期望等式为

$$E(\mathbf{RSS}) = \{n - \text{tr}(2\mathbf{S} - \mathbf{SS}^{\mathrm{T}})\}\delta^2 + \boldsymbol{b}^{\mathrm{T}}\boldsymbol{b} \tag{3-3}$$

定义误差的自由度为

$$df(\lambda) = n - \text{tr}(2\mathbf{S} - \mathbf{SS}^{\mathrm{T}}) \tag{3-4}$$

由此可以相应地得出广义可加模型的自由度定义为

$$df(\lambda) = n - \text{tr}(2\mathbf{R} - \mathbf{R}^{\mathrm{T}}\mathbf{WRW}^{-1}) \tag{3-5}$$

其中 $\mathbf{R}$ 为整个计算过程中局部记分时，进行最后收敛时迭代产生的光滑子矩阵，同时 $\mathbf{W}$ 对于广义可加模型而言，能得出上述自由度的数值太多，计算起来很费时，对于这种困境，Hastie 和 Tibshirani 提出使用相对近似的计算方法来降低计算量。

在构建新的模型时，为了达到使用相对较少合理化自变量子集来进一步反映出更大或者最大化的影响效应，需要进行一个模型优化设计的方式方法。与一般的模型优化相似，其基本方法就是首先分析可能使用到的基本分析模型，再结合各个模型之间的优势进行最优化的培训设计，以得到最优的模型。本书在研究过程中首先通过比较前面提及的两种方式，接着再进行似然比检验，最后再采用后退计算法以及前进比较法或逐步删除的方法来对出现的各变量进行相对筛选。在这个过程中要关注的一个重点是，在使用非参数回归模型时，模型还要考虑相对光滑的参数，从而实现不同的光滑函数都有对应的不同类型的接收模型，因此，广义可加模型与线性模型相比也更加适合本书的探讨。

3.3　大气污染物对居民健康损害的评价方法

支付意愿法是大部分发达国家倾向于使用的评价方法,用来评估大气污染对人体健康所造成的损失;而发展中国家使用的评价方法和发达国家不同,他们更倾向于疾病成本法和修正的人力资本法。

3.3.1　疾病成本法

在评价污染引起的疾病的成本方面,疾病成本法是使用频率较高的方法。疾病成本法的成本特指治病所花的医治费用,也包括为治病所付出的一切直接或间接费用。但是,疾病成本法也有漏洞,它忽视了病人精神上遭受的痛苦,低估了患病损失,它还忽视了受影响的个体的偏好。一般来说,如果患者的疾病在短期能够治愈且不再复发还不缺治疗费用的话,通过疾病成本法去评价还是可以的。而对于那些治疗时间较长的疾病,不仅要考虑患病成本,还要把精神痛苦等问题考虑周全。

疾病成本是患者生病期间所花费的一切费用,分为直接费用和间接费用两类,直接费用包括就诊前后所花的诊疗费和医药费,间接费用特指诊疗费和医药费以外的花费。

3.3.2　人力资本法

1. 传统的人力资本法

一般来说,我们把劳动者的价值称为人力资本,这个价值体现在劳动者的才能和身体素质方面。人力资本法通过个人财富的多寡来衡量个人价值。传统的人力资本法是出现最早的非市场物品价值评估方法之一。从传统的人力资本法的观点来看,过早死亡经济成本可以看成是个人过早离世所损失的预期收入。如年龄为 t 的人,其过早死亡经济成本可看成是从这个人死亡时直到正常的期望寿命这段时间所收入的财富:

$$E_C = \sum_{i=1}^{T-t} \frac{\pi_{1+i} M_{1+i}}{(1+r)^i}$$

式中,E_C 为因环境质量变化引起的过早死亡收入损失;π_{1+i} 为年龄 1 岁的人活到 $1+i$ 岁的概率;M_{1+i} 为年龄为 $1+i$ 岁时的预期收入;r 为贴现率;T 为正常的期望寿命;t 为全死因平均损失寿命年。

该方法以个人财富的多寡来衡量个人价值,将个人财富看作生命的价值,它暗含着收入多的人价值高,收入低甚至没收入的人价值低,这种方法在很大程度上不够恰当。

2. 修正的人力资本法

为了弥补传统人力资本法存在的缺陷,对其进行了更新换代,提出了修正的人力资本法。这两种方法的区别在于,一种是从个体的收入来考量人的价值,另一种是从对社会的贡献来考量人的价值,而不考虑个体价值的差异。准确来说的话,人力资本法不是专门进行效益度量的。但是为什么到现在它还被采用呢? 原因是在我国的现实状况下,进行污染估算后,会导致经济受损,使用人力资本法对我国的经济发展有很重要的作用。修正人力资本法用人均 GDP 来表示一个统计生命年的价值,如果一个人过早死亡,就会损失一个单位,也就少了一个人均 GDP,整个社会的经济也有损失。注意,在计算中要解决三个问题:①要合理预测社会期望寿命,因为社会期望寿命是随着时间的推移增加的;②需要准确估计未来的社会 GDP;③需要仔细选择贴现率,这个对评价结果有很大影响。

3.3.3　意愿调查法

通过提问题或问卷调查的形式,获得被调查者对物品的评价,这种方法称为意愿调查法。意愿调查法是通过直接询问或虚拟市场来获得人们对物品的评价的,不发生实际交易,只是评价人们的行为。

意愿调查法的操作步骤如下。

(1)模拟市场设计。这个设计主要是通过创设虚拟市场来提供交易物品的详细信息的,因此,模拟市场必须有信服力且简单易懂。交易物品的特性和数目必须详细,否则会出现差错;交易物品的生产来源必须详尽细致,否则会出现支付意愿上的偏差。但意愿调查法已考虑到这些问题,并能把偏差带来的不利影响消除到最小。

(2)问题提问方式选择。在模拟市场中,人们的支付意愿可通过多种方式来表现。在这里介绍以下几种方式:①当面提问,通过直接问问题,得出被询问的人的支付意愿。②投标博弈,调查者先说一个 X(元),然后问被调查者的支付意愿,如果同意,增加 X,一直询问,直到同意;如果不同意,减少 X,一直询问,直到同意。最后的 X 就是我们需要的数据。因为 X 的起点值对最后的支付意愿值有影响,所以结果可能存在误差。③支付卡,是针对第②种方式存在的缺陷而设计的提问方式,让被调查者在允许的范围内自己选择起点值。④0~1 选择,就是给出一个物品的价格 Y(元),询问调查者是否同意 Y,对于回答的情况,通过建立离散模型,得出 Y。

(3)模拟市场操作。模拟市场包括当面询问、电话询问、写信询问三种操作方式。当面询问对模拟市场的把握度高,缺点是花费多;电话询问对市场的掌握力稍弱,也无法准确地描述物品价值;写信询问花费最少,但所收集的数据充满不确定性,因为可能会有不回信的,市场掌握力最弱。

(4)抽样调查。这种方式以小见大,但是要做好调查前的预调查,否则会出现一些问题。

(5)结果分析。当使用这个方法时,要注意样本个体性质和总体之间的差异,如果差异较大建议使用回归方程。

3.3.4　成果参照法

由于评价环境的价值是非常复杂的,所以要得到一个科学有效的评价值,就需要不断地实践,并投入大量的时间和精力。成果参照法是常用的方法,即借用他国或地区的研究成果,引用到本国。确切地说,成果参照法是一种成果转移,借用他国的研究为本国所用。成果参照法有以下几种类型:①直接参考;②通过把已有的评估函数代入要评估的变量,得到环境影响价值;③通过把收集的相关资料进行 meta 分析得到。当使用成果参照法时,要考虑影响数据的因素在两地的差异,并根据这些差异对采用的成果进行合理的调整。在减少环境问题带来的死亡风险的支付意愿研究方面,发达国家比较多,相对来说发展中国家比较少。发展中国家可以通过成果转移,将发达国家的研究成果应用于本国。而改变支付意愿估值,需要纠正个人收入和货币的差异,纠正经济发展水平则需要转换各国的人均收入,这种调整也透露出一种假设,人们愿意付出价值相当的货币收入来阻止或者减少一定数量的环境影响。或者说,人们的收入水平和支付能力决定了每单位的环境影响经济价值。同时,考虑到各国在各方面之间的差异,且个人收入不同的情况,这种转换具有很大的不确定性。总的来说,低收入国家的综合经济实力和发达国家之间存在着巨大的差距,同样的市场条件,同一商品的质量、价格及附加值都有可能不同,更不要说市场条件不同了。因此按照上述说法,在预计低收入国家的购买力时,可能会出错。

3.3.5　本书健康经济损失的计算方法

本书所进行的研究依据的是大气污染造成的健康效应终端有呼吸系统疾病死亡、心血管疾病死亡、慢性急性支气管炎、肺气肿和哮喘,以及住院、时间和工作造成的相应经济损失。目前国际常用的健康经济损失计算方法有疾病成本法、修正的人力资本法和意愿支付法,不同的方法在测算健康经济损失方面有不同的优势。疾病成本法和人力资本法的做法相同,都是对疾病所造成的损失进行评价。疾病成本法的成本包括患者患病期间付出的一切费用。

本书在进行健康经济损失计算时,将损失分为死亡、慢性病和其他疾病三类。一般情况下,采用修正的人力资本法来计算过早死亡经济损失。

过早死亡经济损失模型为

$$H_{CL} = \mathrm{GDP}_{PCO} \sum_{i=1}^{t} \frac{(1+\alpha)^i}{(1+r)^i} \qquad (3-7)$$

式中,t 代表的是平均损失寿命年数,指一个人的死亡年龄与社会期望寿命的差值。疾病的种类不同,其平均的死亡年龄不同;地区不同,期望寿命也不同。在我国,城市地区污染严重,而乡村地区很少有污染,且因为大气污染对呼吸系统和心脑血管疾病影响很大,所以本书主要考虑这类疾病对城市居民的寿命影响。本书利用 2018 年数据编制简易寿命表(见表 3-3),结果可见,我国因呼吸系统疾病死亡和因心脑血管疾病死亡人数分别为 171 461 人和 337 251 人;呼吸系统疾病和心脑血管疾病损失寿命年分别为 2 279 121.52 年和 5 434 216.26 年;呼吸系统疾病患者和心脑血管疾病患者人均损失寿命年分别为 13.29 年和 16 年,平均值为 14.65 年,本书取近似值 15 年。从死亡人数、损失寿命年来看,呼吸系统、心脑血管疾病对人体健康危害巨大;从年龄别损失寿命年来看,在青少年群体中呼吸系统疾病对健康的威胁大于心脑血管疾病,而居民在 25 岁以后,心脑血管疾病对健康的威胁更大;从人均损失寿命年来看,心脑血管疾病对个人健康威胁更大,这与韩明霞对我国 2003 年疾病别过早死亡的人均损失寿命年研究所得结果基本一致,但 2018 年我国居民因呼吸系统疾病和心脑血管疾病所损失的人均健康寿命年更少,说明居民的个人健康有所提升。

表 3-3　简易寿命表

年　龄	期望寿命/年	人口数/人	呼吸系统疾病		心脑血管疾病	
			死亡率/十万	损失寿命/年	死亡率/十万	损失寿命/年
0～1	84.63	2 825 962	17.30	41 376.72	0.25	597.93
1～5	83.89	13 534 485	1.95	22 139.83	0.15	1 646.30
5～10	79.90	15 903 218	0.67	8 513.72	0.04	508.28
10～15	74.92	17 121 336	0.72	9 235.36	0.23	2 950.18
15～20	69.93	30 350 178	0.54	11 461.48	0.43	9 126.73
20～25	64.95	47 547 510	0.39	12 043.52	0.52	16 058.03
25～30	59.97	37 950 735	0.91	20 710.92	1.80	40 966.66
30～35	55.01	35 576 427	1.34	26 223.05	4.36	85 322.76
35～40	50.05	39 746 202	1.72	34 212.91	5.88	116 960.43
40～45	45.10	37 805 480	2.66	45 352.89	12.47	212 613.01
45～50	40.18	32 412 958	5.30	69 030.14	24.93	324 702.16
50～55	35.36	24 253 446	15.25	130 781.82	65.62	562 747.76
55～60	30.54	22 418 430	17.80	121 887.36	67.53	462 418.73
60～65	25.86	15 298 187	59.50	235 417.80	172.60	682 909.45
65～70	21.33	10 418 641	117.79	261 711.31	303.06	673 352.84
70～75	16.88	8 876 835	212.62	318 503.40	463.61	694 484.82
75～80	12.53	6 366 161	386.34	308 251.19	775.34	618 624.72
80～85	8.51	3 436 596	1 000.33	292 385.86	1 730.29	505 745.43
85 以上	5.25	1 917 253	3 076.81	309 882.21	4 194.79	422 480.04
合　计	—	403 760 040	—	2 279 121.52 $t=13.29$	—	5 434 216.26 $t=16.00$

慢性呼吸系统疾病和心血管疾病经济损失模型为

$$E_C = \gamma P_{eb} \sum_{i=1}^{t} \text{GDP}_{pci}^{pv} \tag{3-8}$$

式(3-8)是计算慢性支气管炎的新发病人人数的,根据《中国心血管健康与疾病报告 2019》发布相关数据表明,中国 18 岁及以上居民血压正常高值检出粗率为 39.1%,加权率为 41.3%。而根据《中国慢性呼吸疾病流行状况与防治策略》(2018 年)数据表明,中国 20 岁以上哮喘患病率为 4.2%,40 岁以上居民慢性阻塞性肺疾病患病率为 13.6%。同时,根据国内外相关研究表明,呼吸道和心血管疾病对人体的伤害极大,患者要忍受一生的病痛折磨,且随着病情的加重,将逐渐丧失工作能力。因此,我们会选择伤残调整生命年(DALY)来评价慢性支气管炎造成的经济损失。从研究中,得出慢性支气管炎的 DALY 是 40%。式(3-8)中,P_{eb} 为现阶段污染造成的新病例,单位为万人;t 为由慢性支气管炎造成的平均损失寿命年数,依照慢性阻塞性肺炎(COPD)(在卫生服务调查中只有分年龄组的 COPD 患病率,这里 COPD 患病率还代替慢性支气管炎的患病率),慢性支气管炎的平均病程是 23 a;γ 代表慢性支气管炎失能损失系数 0.4。

儿童哮喘经济损失和急性呼吸道疾病的计算公式为

$$B_2 = \sum_k (C_k F_k) \tag{3-9}$$

式中,B_2 为急性支气管炎和儿童哮喘经济损失;C_k 为第 k 种疾病的患病人数;F_k 为第 k 种疾病的平均医疗费用。

住院、时间和工作经济损失模型为

$$E_C = P(C + W_D C_{vd}) \tag{3-10}$$

此外关于住院、时间和工作的经济损失计算见式(3-10),公式所需数据来自实际数据,其中 C 为疾病住院成本,包括直接和间接住院成本,元/人次;W_D 为由于疾病没有工作的天数,天/人次,呼吸系统疾病平均每人休工三天;C_{vd} 为疾病休工成本,元/天,疾病休工成本=人均 GDP/365。

3.3.6 污染源优先控制等级方法

污染源优先控制分级也可以说成是寻找空气污染过程中的主要污染源,以判断空气质量变化的主因,为空气质量调控提供依据,同时也是建立管理措施数据库的前期条件,只有准确判断不同情况下,哪些污染源对空气污染的"贡献"大,才能判断采取什么样的措施是最合理的。因此污染源优先控制分级是一个重要的研究任务,其方法是分析污染源排放清单、气场要素空间数据和空气质量三者之间的对应关系,在不同气象条件下,按对污染源"贡献程度"大小进行排序,并将"贡献程度"数字化。

根据原环境保护部颁布的《环境空气质量指数 AQI 技术规定(试行)》(HJ 633—2012),空气质量指标主要是由 SO_2、NO_2、PM_{10}、$PM_{2.5}$、CO、臭氧 6 种污染物浓度计算得出的,具体的计算思路是先根据污染物项目浓度限值,计算出每一类污染物的空气质量分指数(IAQI),然后再取 IAQI 中的最大值作为空气质量指标数据。当 IAQI>50 时,将 IAQI 最大的污染物作为首要污染物,若 IAQI 最大污染物为两项或两项以上时,并列为首要污染物,IAQI>100 的污染物为超标污染物。简单的说,空气质量技术标准已经暗含了污染源的"贡献"情况,IAQI大的污染物对空气质量的"贡献率"就大,在任何时点上空气质量监测数据都会显示上述 6 种污染物的浓度和对应的空气质量指数,理论上讲,IAQI 本身就可以作为污染物对空气质量的"贡献"指标,在目前的空气质量实施报告中,一般会播报好几组数据,包括空气质量指数数据、PM_{10} 和 $PM_{2.5}$ 数据、空气质量等级等,也会报告主要污染物。但是监测出空气中的主要污染物只是大气污染治理的第一步,知道了大气中的主要污染物成分并不等于已经掌握了主要污染物的来源,现实中的污染源有很多,排放的污染物构成也很复杂,主要污染物可能是由很多污染源共同"贡献"的,就治理措施而言,能做的只有控制污染源的排放,也就是说治理措施只能针对污染源,而无法针对某一种污染物,比如空气中的首要污染物是 PM_{10},即空气污染主要是由颗粒物"贡献"的,针对这一情况具体的治理措施不可能将所有产生颗粒物的污染源的活动都加以限制。保障治理措施的可行性,首要的问题是建立污染源和主要污染物的关系,污染源的"贡献率"和主要污染物是不同的概念。

如何将空气中的污染物构成转换为污染源对空气质量的"贡献率"是一个数学过程,也是污染源优先控制分级的基础条件。从目前的经验来看,虽然不同时点空气中的主要污染物不同,但这并不意味着主要污染源也是时常变动的。对大部分污染源来说,排放的污染物都不止一种,虽然每个污染源排放的污染物构成和比例都不同,但这些污染源合起来就产生了每一种污染物的总量,每种污染物的总量数据决定了 IAQI 的大小,计算污染源的"贡献率",就是要把 IAQI 还原为污染源的排放活动量。这个过程可以借助污染源排放清单和空气质量监测数据来完成。利用排放系数法计算污染源排放量,每个污染源的排放信息包含了每种污染物的排放量,对于一个区域的单个污染物排放总量,每个污染源的"贡献率"可以很容易地计算出来,然后按照"贡献率"排序就可以得出一个序列区域单个污染物的总量,在不同的气象条件下可能会产生不同的污染结果,但每个污染源对每种污染物的"贡献率"是固定的,因此一旦确定了主要污染类别,就可以找到对应的主要污染源。

污染源解析和污染源清单编制的问题一样都缺少时间信息,根据污染源解析结果可以掌握某地整体的污染物来源状况,却难以掌握每时每刻的污染物来源状况,由于大气自然进化能力的强弱不同,所以时间的变化幅度很大,这就造成了一个结果,即使用全年数据解析出来的污染源"贡献率"无法有效排除全年气象变化的影响。也许某些污染源排放很多,但由于其时间分布很巧妙地避开了静稳天气,在污染源解析结果中并不能很好地得到反映。相反,如果一些污染源的排放时间不那么巧合,其影响就可能会被放大。因此对于污染源的"贡献率"应该从两个角度去考虑:①要考虑污染源的排放强度及实际向大气中直接排放污染物的绝对量;②要考虑污染源排放时的大气状况,基本方法是在大气自然净化能力差别不大时,分析空气中污染物的来源与污染物排放之间的对应关系,确定不同时段、不同气象条件下污染源的"贡献率"。

3.3.7　大气污染的经济评估与排污权交易定价方法

大气污染具有双重外部性,外部性问题的核心思想是,当一个人或一个组织的行为对另外一个人或一群人的福利造成影响时,前者既不能向后者收费,后者也不能向前者索赔。显然外部性包括两种:①负外部性,如污染等;②正外部性,如技术溢出等。经济学家对待污染的态度最典型的就是庇古税,污染者污染环境,使其他人的利益受损,理应被征税或被罚款。经济学界一直觉得庇古税是一个比较好的矫正污染外部性的方法,直到科斯于 1960 年提出了污染的对称性问题。科斯的观点是,对污染者征税,从某种程度上损害了污染者的权利,被污染者有索赔的权利,但污染者也有污染的权利,如果污染者愿意拿出一部分钱补偿被污染者的损失,两者只要能达成交易,社会就是最优的状态,这比征税要公平得多。对污染者征税相当于剥夺了污染者与被污染者之间进行谈判交易的权利,科斯的观点重新燃起了经济学界对污染外部性的讨论,很多围绕科斯定理的实践活动也正进行得如火如荼。实际上科斯观点的真正价值不是该不该征税的问题,而是提出了一种观点,即污染者的污染权问题。严格来讲,污染者并不是完全产生负外部性,其中还有一个正外部性的问题。例如允许污染意味着污染者可以生产更廉价的产品,这对消费者来说是一种正外部性,如果对污染者收费,生产者就要提高成本,从而提高产品价格,这对消费者来说是一种福利损失。从理论上讲产品市场由供求关系决定,并不能将这种价格变化归为污染的正外部性效应,在充分竞争条件下,生产者不存在超额利润,产品对消费者的影响由生产者来完全反映。但现实中的市场很难做到充分竞争,在不完全竞争市场中生产者不能完全反映产品消费的外部性,例如允许污染就可以获得廉价产品,如果对污染征税产品价格就会上升。污染者的负外部性表现为环境持续恶化,所有暴露在污染环境中的人和资产都会受损,因此减少污染者的污染活动或降低污染者的污染,效果都会使人和资产的损失减少,这是减排的社会收益。但是正如之前所说,污染者减少,污染成本就会上升,不仅是污染者受损,使用污染者提供产品的人也会受损,这就是大气污染的双重外部性。以上环境税对大气污染治理为例,随着环保政策越来越严,污染企业的生产成本就会越来越高,出口产品的价格也会越来越高,要从中国持续进口廉价商品已无可能。同样对国内居民来说也是如此,随着城市大气污染越来越严重,大气污染治理强度越来越大,污染企业的成本越来越高,损失的不仅仅是污染企业,还有污染企业的消费者,仅仅用庇古税理论来解决问题就会矫枉过正。减少污染,没有理由厚此薄彼,过度评价污染损失或减少污染的损失都会降低资源配置的效率。

评估大气污染的外部性损失需要考虑 3 个问题:①污染物排放带来的大气环境的边际改变,这是物理效应,主要与大气污染物存量和大气环境特征有关。由于不同地区的污染物存量不一样,大气环境的自然净化能力也不一样,所以新增加一个单位的污染物排放所带来的大气环境改变也不一样。评估大气污染的外部性损失,首先要计算一个地区污染物排放的环境边际效应。②暴露在污染大气中的人和资产在大气污染增加或减少一个单位时的边际损失,这种损失是物理性的,如人的过早死亡、建筑物的加速折旧等。③将人与资产的边际损失货币化。通过对这 3 个问题的计算,可以得到一组参数,其含义是在某一个确定的区域多排放一个单位的大气污染物,带来的人的健康的货币损失是多少,加速建筑物折旧的货币损失是多少,农业生产的货币损失是多少。有了这组参数就掌握了这个地区的污染物排放信息,就可以计算对应的外部性损失。

排污权交易问题是由科斯定理延伸出来的,污染解决方案将排放看作一种权利,从某种意义上说,已经相当于承认了环境的稀缺性,近年来中国也在尝试进行大气污染物排放权的交易,这是一种进步。但是排污权交易的核心问题是如何定价,通过市场竞价的方式为排污权进行定价,显然犯了一个常识性的问题,因为市场不会考虑大气污染本身的差异性,这一点对大气污染物的排放权交易来说显得尤为重要。对不同区域来说,大气环境的自然净化能力不一样,污染物存量也不一样,这意味着在不同区域排放一个单位的大气污染物所带来的大气边际改变也不一样,同时在不同区域人和资产的存量也不一样,同样是暴露在相同浓度的污染下,空气中的外部性损失也不一样,这一特征从根本上决定了不同地区的大气污染物排放权应该有不同的定价排污权。跨区交易存在逻辑上的问题,那么该如何给排污权定价呢?一个简单有效的方法是根据大气污染的边际损失来定价,比如某城市多排放一个单位的大气污染物,带来的边际损失是 2 万元,那么这个城市一个单位的大气污染物的排放权定价就应该是 2 万元。根据上述分析,每年报告一次边际损失就非常有意义,边际损失可以作为当地排污权交易的定价参考,只有高于或等于这个值的交易定价才有意义,否则就会损失社会效率,因此大气污染排放权交易应该建立边际损失测算系统,以便更合理地进行定价。

3.4　评估方法的偏差及不确定性

3.4.1　研究对象产生的偏差和不确定性

在现代社会快速发展的前提下,我国经济实力也大幅度提升,城市人口流动的速度、地区、结构也出现相应的变化。因此在估算城市暴露人口数据时,就会产生偏差,所估算的数据在很大程度上是不准确的。

3.4.2　健康效应终端产生的偏差和不确定性

在已有的研究中明显表明,外界环境出现的极端变化在很大程度上会损害人体健康,从而损害人体机能直到人生病,这个过程会持续一段时间,主要表现为污染物在体内逐渐增加,当增加到某个阈值时,人体的代谢功能、生理特征以及其他的组织器官形态都将会以结构的形式不断地发生改变。这种变化如果继续增大,就会出现病理、生理意义的改变,即出现相应的临床症状,人体出现损害。而随着损害程度的逐步增加,最终将会导致人体生命意义上的终结。更为具体的解释就是大气污染物对人体健康的损害更多的是从增加人体机能的负荷开始的,接着生病最后甚至死亡,这一步步的变化组成了人体健康变化的模型。因此,从病理、生理学来看,大气污染物已经开始对人体造成相当程度上的危害,在此基础上表现出各种生理变化和临床现象,包括吐痰、喘息以及肺功能下降等。但是由于无法实现对健康效应的长期观察,所以这个终端在这方面是存在缺陷的。不仅如此,对流行病学的研究影响整个估算过程,以及相关数据的获得量是受到限制的,因此在最后的计算当中能够被列入有效范围的也是有限的。由此可以看出,这种做法的计算得到的不是一个确定值,有可能会低。

3.4.3　健康损失货币化计算中产生的偏差和不确定性

总的来看,疾病和死亡带给人们的伤害不止有物质方面的,还有精神方面的,因此需要运营相关的疾病成本法和人力资本法来对结果进行相当程度上的修正。但是在精神伤害方面仍然存在一定的盲点,并且同时还少算了由公共部门承担的一部分治疗、护理费用,甚至是相关研究、研发的资本投入等。因此,一定程度上相比现实的损失,健康效应带来的损失可能会低一些。

3.5　本 章 小 结

大气污染物主要是指混合在大气中对人类身体有害的诸多污染气体和物质,但现阶段的流行病学研究成果尚无法明确证明是何种气体或者物质导致健康效应。但相关研究显示,PM_{10}、SO_2、NO_2这 3 种污染物质与健康效应产生的流行病学之间的关联最为紧密,因此本书对大气污染物的界定为 PM_{10}、SO_2、NO_2 3 种;在大气污染物的阈值界定方面,不同的国家、地区及不同的时间年份，标准也不同，本书在综合考虑了多种阈值标准后，重点参考世界卫生组织对污染物浓度的设定标准，将 PM_{10}、SO_2、NO_2 3 种污染物的阈值分别定为 $10\ \mu g/m^3$、$0.06\ mg/m^3$ 和 $0.04\ mg/m^3$；在健康效应终端的选择上，根据美国环保局环境质量与标准办公室公布的大气污染对人体健康影响标准，参考国内相关研究成果及本课题研究数据的可获得性，将过早死亡、呼吸系统疾病、心血管系统疾病和儿童哮喘定为本书的健康效应终端；为进一步明确估算不同健康效应终端所致的健康经济损失，本书选择用 meta 分析法对污染物与健康效应之间的量化关系进行总结和比较，并最终得到量化关系的一致性结论，在本章中对 meta 分析的思路和原理进行了详细阐述；GAM 线性回归模型主要是研究不同变量间的依存关系，本书旨在利用其构建时间序列模型后，具体考量污染与健康效应终端之间的相关关系，本章详细阐述了该模型的模型原理和建模程序；自大气污染所致人群健康损失问题进入人们视野以来，不同学者采用不同方法对疾病的经济损失进行了测算，本章通过对不同测算方法进行总结、梳理和比较，为之后根据不同健康效应特征选择相应的测算方法提供了理论基础；最后本章对研究过程中可能出现的各种偏差及不确定性进行了分析，对研究结果中可能出现的偏移进行了理论分析。

综上所述，本章在综合分析了国内外相关研究成果的基础上，对本书的研究对象、研究范围、研究阈值进行了界定，对研究中所使用到的方法、原理、模型进行了详细阐述，并在此基础上对研究中可能出现的各种误差和偏移进行了预估计，为之后的实证研究奠定了理论基础。

第4章　城市大气污染健康经济损失测算

大气污染(本书特指城市区域内)会对居民的健康状况造成影响,有些甚至会造成死亡等严重后果。由能源消费结构不合理、机动车辆尾气过度排放等造成的有害气体和粉尘颗粒物过量排放不仅危害人群健康,而且给居民带来了无法挽回的经济损失。通过对世界主要城市的空气污染水平进行监测,全球环境监测系统的监测结果显示,全世界有 16 亿人可能生活在高 SO_2 和有害颗粒物造成的城市污染大气中,其中有上亿人生活在大气严重污染的城市中,每年有几十万人因大气污染而过早死亡,更多的人因大气污染而患上急性或慢性病。通过研究可以知道,城市大气污染所造成的损失已达到国内城市平均年生产总值的 3%~10%。本章从污染物与健康效应终端关系入手,在前述理论构建的基础上,分析测算 PM_{10}、SO_2、NO_2 这 3 种大气污染物给城市居民健康带来的经济损失。

目前,关于大气污染对人体健康危害的研究大都侧重于探索污染与健康结局间的暴露-反应关系、计算区域层面健康经济损失等方面。如谢鹏(2009)和马洪群(2016)等人运用 meta 分析研究了大气污染物浓度变化对中国居民健康效应的影响,认为 PM_{10} 和 NO_2、SO_2 浓度的上升均会导致居民每日总死亡率、心脑血管疾病、呼吸系统疾病死亡率以及门诊、住院率风险的增加;Minsi Zhang 等人(2007)运用疾病成本法对 2004 年中国 111 个城市 PM_{10} 所致健康经济损失进行了测算,结果发现当年研究地区 PM_{10} 健康经济损失达 291.787 亿美元,其中特大城市的"贡献"较大;吕铃钥和李洪远(2016)采用疾病成本法、成果参照法对京津冀地区 PM_{10} 和 $PM_{2.5}$ 污染的健康经济效应进行了评价,发现污染物造成人群健康风险巨大,2013 年该地区 PM_{10} 和 $PM_{2.5}$ 分别造成健康经济损失 1 399.3 亿元和 1 342.9 亿元。但对不同城市大气污染所致健康经济损失差异、不同污染类型区域特点及其与污染指数之间相关性的研究尚不多见。本书首先利用熵权法构建大气污染综合评价指标,通过空间描述性统计对我国其中 30 个省(自治区、直辖市)和 291 个城市(西藏、香港、澳门、台湾未做统计)进行分类,以便于探索城际大气污染健康经济损失差异情况及其成因,然后在利用疾病成本法和修正人力资本法对各类型区域大气污染健康经济损失估算的基础上,运用 spearman 秩相关、多重线性回归分析不同区域、不同经济发展水平、不同大气污染物(PM_{10}、NO_2、SO_2)、人口、医疗服务价格、地理环境和大气污染健康经济损失之间的关系,最后以乌鲁木齐市为样本城市,对不同大气污染物与健康效应终端之间的关系进行分析,并具体测算由大气污染所致健康经济损失。其结果可以为不同类别区域大气污染治理工作和相关疾病人群的疾病补偿标准提供依据和参考。

4.1 大气污染综合评价指标

4.1.1 数据来源

各省排放废气中主要污染物含量、基本人口和经济数据均来源于《中国统计年鉴 2019》，因缺乏 2018 年各省废气排放数据并考虑到空气污染对健康损害的滞后效应，选择 2017 年各省排放废气中主要污染物——氮氧化物、二氧化硫和烟粉尘质量数据作为空气污染评价指标；贴现率来源于《建设项目经济评价方法与参数》(第三版)，医疗卫生数据来源于《中国卫生健康统计年鉴 2019》。

4.1.2 计算模型

采用熵权法对 PM_{10}、NO_2、SO_2 年均浓度赋权重，计算大气污染综合评价指标，数据来源于 2018 年各地区生态环境状况公报。熵权法根据不同指标所含信息量的多少来确定指标权重。熵最初应用于热力学中，用来度量系统的无序程度；当其应用于信息论中时，则可以用来度量事件所含信息的多少。假设某事件有 $n(i=1,2,\cdots,n)$ 种结果，用 P_i 表示不同结果 R_i 出现的概率，出现概率越大，例如越接近 1，不确定性越小，包含信息越少；反之，包含信息越多。

在有 m 个对象，n 个指标的综合评价体系中，x_{ij} 表示第 i 个地区的第 j 项指标值，在计算熵值之前需要对原始数据进行归一化以消除量纲和数量级的影响。

对于正向指标，有

$$x_{ij}^* = \frac{x_{ij} - \min(x_j)}{\max(x_j) - \min(x_j)} \qquad (4-1)$$

对于负向指标，有

$$x_{ij}^* = \frac{x_{ij} - \max(x_j)}{\max(x_j) - \min(x_j)} \qquad (4-2)$$

式 (4-1) 和式 (4-2) 中，x_{ij}^* 为归一化后的数据，$\min(x_j)$ 和 $\max(x_j)$ 分别为第 j 项指标的最小值和最大值。

第 j 项指标的信息熵值 E_j 为

$$E_j = -(\ln m)^{-1} \sum_{i=1}^{m} (P_{ij} \ln P_{ij}) \qquad (4-3)$$

$$P_{ij} = \frac{x_{ij}^*}{\sum_{i=1}^{m} x_{ij}^*} \qquad (4-4)$$

如果 $P_{ij} = 0$，则定义 $P_{ij} \ln P_{ij} = 0$。

第 j 项指标的熵权 W_j 为

$$W_j = \frac{1 - E_j}{\sum_{j=1}^{n} (1 - E_j)} \qquad (4-5)$$

4.2　污染物与健康效应终端关系

4.2.1　数据来源

本书的基本资料数据取自《新疆统计年鉴》《乌鲁木齐市统计年鉴》《中国城市统计年鉴》及《2018 年全国第六次卫生服务统计调查报告》的相关数据；心血管及呼吸系统病的住院资料取自乌鲁木齐市四所大型三级甲等医院，疾病的统计按照国际疾病分类统一编码的心血管疾病（循环系统疾病）I00～I99 和呼吸系统疾病 I00～I99 进行数据筛选；死亡资料来源于乌鲁木齐市疾病预防控制中心死亡登记报告系统，其中心脑血管系统和呼吸系统疾病死因的疾病编码按照国际疾病分类统一编码进行筛选；大气污染物数据来源于乌鲁木齐市原环境保护局对外公开的年报数据；气象资料来源于气象站对外公布数据。

4.2.2　计算模型

1. 相关变量分析

当评价大气污染造成的健康损失时，首要前提是确定污染物与健康效应的剂量-反应关系，即人群接触污染空气会产生一定的健康效应频率，如死亡率、心脑血管系统和呼吸系统等疾病发病率等。通过回归方程分析，估算出单位污染度浓度变化和健康效应终端之间的关系，关系为健康效应终端随污染物浓度变化而变化，进而推算出大气污染健康效应的 RR，关系如下，为推算人群健康效应奠定坚实的基础。

$$RR = [(c+1)/(c_0+1)]\beta \tag{4-6}$$

式中：c 为某种大气污染物的当前浓度，mg/m^3；c_0 为基准浓度水平，mg/m^3；RR 为大气污染条件下人群健康效应的相对危险度。

2. 剂量-反应关系对照

目前，对于健康损失价值的研究是比较到位的，但是这个评价方法是以大量的数据、经费和时间为基础的，因此这方面如果出现问题，可以采用成果参照法。早在 1990 年，科学家 Khatun 就对全世界的剂量-反应关系进行对照研究，得出一个结论，同一国家、不同环境下剂量-反应关系是相似的。2004 年，HEI 在研究 *Public Health and Air Pollution in Asia* 中也证实了这一观点，该项目通过汇总评价在亚洲范围内从 1980 — 2003 年发表的 138 篇有关大气污染流行病学的研究结果，再对不同地区、同一时间的成果进行比较，得出一个结论，这些地区研究的方法和所得成果都是一样的。比如 PM_{10}，美国健康效应研究所通过汇总 2004 年亚洲范围内关于大气污染流行病学的研究结果，发现 PM_{10} 浓度每增加 10 $\mu g/m^3$，全因死亡率就大约增加 0.4%。21 世纪初，Katsouyanni 等人对欧洲 30 个左右的城市进行了研究；2002 年，Samet 等人对美国 20 个城市进行了研究。根据这些人的研究结果，PM_{10} 浓度每增加 10 $\mu g/m^3$，死亡率将分别增加 0.62% 和 0.46%。根据 2004 年 Cohen 等人的研究结果，PM_{10} 浓度每增加

$10~\mu g/m^3$,死亡率就会提升 0.5%。通过比较上述研究结果,发现 PM_{10} 剂量-反应关系在亚洲、美国、欧洲各地区几乎是一样的,PM_{10} 浓度每上升 $10~\mu g/m^3$,死亡率将分别增加 0.4%,0.46%,0.62%。从上述分析结果来看,剂量-反应关系的成果参照具有可行性。

4.3 城市大气污染综合评价

4.3.1 30个省(自治区、直辖市)大气污染综合评价结果

根据式(4-1)~式(4-5)计算得出,大气污染评价体系中权重大小依次为 PM_{10}(33.88%)> NO_2(33.45%)> SO_2(32.67%),PM_{10} 所占权重最大,在本书大气污染综合评价中提供信息最多,NO_2 提供信息量紧随其后,权重最小者 SO_2 提供信息比例也高达 32.67%,三者权重较为接近,说明 PM_{10}、NO_2、SO_2 对大气环境的危害均较大,在大气污染防治过程中不能偏移重心,应同等重视综合治理;将 PM_{10}、NO_2、SO_2 年均浓度数据归一化后与各自熵权相乘,加和后得到大气污染综合评价得分(见表4-1),数值越大表明空气质量越差。由表4-1可知,2018年大气质量最好的5个地区依次是海南、福建、云南、贵州、浙江;大气质量最差的5个地区依次是山西、河南、河北、陕西、山东。大气污染综合评价得分均值为38.25,前15个地区得分大于均值,空气质量较差,后15个地区得分小于均值,其中大部分为易形成空气对流、有着丰富降水量和较大植被覆盖率的东、南方地区。

表4-1 我国其中30个省(自治区、直辖市)归一化后变量及
综合得分(西藏、香港、澳门、台湾未做统计)

地 区	PM_{10}	NO_2	SO_2	得 分
山西	35.80	13.55	10.78	60.13
河南	34.46	16.94	4.90	56.30
河北	34.79	14.57	6.53	55.89
陕西	34.79	13.55	5.23	53.57
山东	32.45	12.20	5.23	49.87
天津	27.43	15.92	3.92	47.28
新疆	33.12	9.15	3.59	45.86
宁夏	27.43	9.82	7.19	44.44
北京	26.09	14.23	1.96	42.28
江苏	25.43	12.87	3.92	42.22
安徽	25.43	11.86	4.25	41.53
甘肃	25.76	9.15	5.88	40.79

续表

地　区	PM$_{10}$	NO$_2$	SO$_2$	得　分
辽宁	23.08	10.16	7.51	40.76
内蒙古	26.76	7.79	5.55	40.11
重庆	21.41	14.91	2.94	39.26
湖北	24.09	9.49	3.59	37.17
江西	21.41	8.47	5.55	35.43
四川	20.94	10.20	3.99	35.13
湖南	22.08	8.81	3.92	34.81
上海	17.06	14.23	3.27	34.56
青海	19.74	7.11	5.55	32.41
吉林	19.07	8.13	4.57	31.77
广西	19.07	7.45	4.25	30.77
广东	16.39	9.49	3.27	29.15
黑龙江	17.40	7.11	3.92	28.43
浙江	17.40	8.47	2.29	28.15
贵州	16.39	6.78	3.92	27.09
云南	15.39	6.10	3.59	25.08
福建	14.05	5.76	2.94	22.75
海南	10.04	2.71	1.63	14.38

4.3.2　291 个研究城市大气污染综合评价结果

将 291 个研究城市按照大气污染综合评价得分由高到低进行排序,前 5 名依次为太原、邢台、石家庄、临汾、咸阳(见表 4 - 2);后 5 名依次为海口、呼伦贝尔、儋州、三亚、三沙。291 个研究城市大气污染综合评价得分均值(标准差)为 39.72(11.52),中位数(上四分位数,下四分位数)为 38.10(31.72,46.35)。有 132 个城市大气污染综合评价得分高于均值,分布于中部和西部地区,该类地区存在煤炭消耗量大、沙尘暴多发、降水少和空气不流通等现象;而在易形成空气对流、有着丰富降水量和较大植被覆盖率的东、南方地区,其所属城市大气污染综合评价得分较低,空气质量较好。相关部门在大气治理中可以从上述原因入手,参考大气质量较好地区的环保政策,结合本地实际进行调整。

表 4 - 2　我国大气污染综合评价得分前 5 名城市归一化后变量及
综合得分（西藏、香港、澳门、台湾未做统计）

城　市	PM_{10}	NO_2	SO_2	得　分
太原	44.99	17.47	9.60	72.05
邢台	43.65	16.79	8.60	69.05
石家庄	43.65	16.79	7.61	68.06
临汾	38.99	13.43	15.22	67.64
咸阳	44.65	16.79	5.29	66.74

4.4　城市大气污染与健康经济损失相关性分析

为探索大气污染与健康经济损失之间的相关性，以健康经济损失为纵坐标、大气污染物的熵权值为横坐标绘制散点图，由图 4 - 1 可见两者之间存在一定的线性趋势，spearman 相关系数为 0.352 7（$P<0.000\ 1$），表明大气污染健康经济损失随着大气污染程度的恶化而增加。

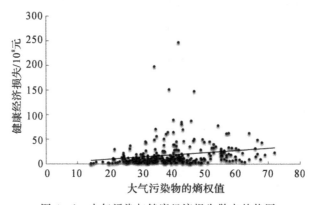

图 4 - 1　大气污染与健康经济损失散点趋势图

为探索 PM_{10}、NO_2、SO_2 年均浓度，年末城市人口数（PNOC），城市人均 GDP（PCGDP），住院病人人均医疗费用（Price），住院人数（PNOH），死亡率（Death）等协变量对大气污染和大气污染健康经济损失之间关联性的影响，本书以大气污染健康经济损失（ECA、ECA_1、ECA_2）作为被解释变量，以上述协变量作为解释变量建立回归模型，结果见表 4 - 3。可见，PM_{10} 年均浓度、年末城市人口数、死亡率和住院病人人均医疗费用对上述三类健康经济损失均有"贡献"，在颗粒物浓度越高、人口规模越大、居民健康状况较差并且医疗服务价格较高的城市，其大气污染健康经济损失越大，其中死亡率"贡献"最大。SO_2 和 NO_2 在对三类健康经济损失均无显著的正向"贡献"，原因在于健康经济损失的计算只基于颗粒物污染暴露，未能同时考虑 SO_2 和 NO_2 污染暴露对人体健康的影响，但结合实际情况和理论知识可知，大气污染物

（PM₁₀、NO₂、SO₂）之间存在显著的正相关和（或）同源性，故在本书中 SO₂ 和 NO₂ 的参数估计值理论上应为有统计学意义的正数。此外，城市人均 GDP 与 ECA 和 ECA₁ 均呈现出正向关系，即在经济水平越发达的城市其大气污染健康经济损失越大（包括因早逝所致健康经济损失）。在回归模型中，住院人数与 ECA 和 ECA₁ 之间均呈现负相关，表明住院人数的增加会减少大气污染健康经济损失（包括因早逝所致健康经济损失），这与实际和理论知识均不符，并且住院人数与 ECA 和 ECA₁ 之间的 spearman 相关系数分别为 0.792 5（$P<0.000\ 1$）和 0.790 3（$P<0.000\ 1$），均表现出较强的正相关，本书回归模型中参数估计异常的可能原因为住院人数和年末城市人口数之间存在共线性导致住院人数的参数估计不可靠，但住院人数与因大气污染患病住院休工所致健康经济损失 ECA₂ 之间呈现显著的正相关。总体来看，因早逝所致健康经济损失占大气污染健康经济损失总量的 99.38%。因此为显著降低大气污染健康经济损失，需要重点控制颗粒物的排放和治理，降低其浓度，为居民创造一个健康的生存环境，从而降低相关疾病的死亡率和住院率，减少健康损失。

表 4-3　回归分析参数估计表

解释变量	ECA		ECA₁		ECA₂	
	P	t	P	t	P	t
PM₁₀ 年均浓度	0.156 3	4.28***	0.155 5	4.27***	0.000 8	6.26***
SO₂ 年均浓度	−0.093 2	−1.13	−0.092 8	−1.13	−0.000 4	−1.26
NO₂ 年均浓度	0.123 3	1.77	0.123 8	1.78	−0.000 4	−1.71
城市人均 GDP	2.369 6	15.19***	2.370 2	15.23***	−0.000 6	−1.02
年末城市人口数	0.096 3	18.60***	0.096 1	18.60***	0.000 2	10.65***
住院人数	−51.169 7	−4.12***	−51.727 4	−4.17***	0.557 7	12.26***
死亡率	5.715 6	8.39***	5.707 1	8.40***	0.008 5	3.41***
住院病人人均医疗费用	12.497 0	3.34**	12.355 3	3.31**	0.141 7	10.34***

注：* 为 $P<0.05$，** 为 $P<0.01$，*** 为 $P<0.001$。

4.5　污染物健康效应的 meta 分析

1. 研究对象与方法

研究目标人群为乌鲁木齐市全市人群。污染物为 PM₁₀、SO₂、NO₂，数据均为原市环境保护局对外公布数据。所使用的统计学方法是 meta 分析，通过 Stata 12.0 软件来进行。所获得的统计结果是大气颗粒物在空气中的浓度每上升 10 μg/m³，心脑血管疾病的死亡率所增加的比例及其 95％CI。纠正方法有异质性分析、偏倚检验,通过固定或随机模型来合并效应值。检验水准是 0.05。

2. 文献纳入标准

纳入的文献为 2000 — 2015 年间公开发表的关于各种大气污染物与人群健康关系的流行病学研究;对各文献的研究结果的表达,不是通过定性描述来表达的,而是通过暴露-反应关系(如斜率、相对危险度等)表达;对于大气污染健康危险度评价工作,使用的是文献描述的健康效应终点。本书研究的数据均是不重复的,是独立数据。

3. 偏移检验

在异质性检验后进行效应合并,经检验,将 PM_{10} 纳入文献的各研究都存在异质性($Q=270.95$,$P<0.001$),因此,当对其进行估算时,应使用随机效应模型。合并效应值 1.004 8 的含义是,PM_{10} 浓度平均每升高 10 $\mu g/m^3$,平均短期内心脑血管疾病的死亡率风险增加 0.48％;异质性($Q=20.18$,$P<0.05$)也存在于各研究(文献纳入 NO_2 和 SO_2),因此,当进行估算时,也使用随机效应模型。对于合并效应值为 1.006 8,可以这样理解,大气 NO_2 和 SO_2 浓度平均每升高 10 $\mu g/m^3$,呼吸系统疾病的死亡率平均上升 0.68％。

下面通过采用 Begg 法和 Egger 法来进行偏倚的检验及校正。根据 Begg 法结果,PM_{10} 纳入文献连续型校正 $Z=1.24$,$P=0.003<0.05$,在统计学方面有意义;NO_2 和 SO_2 纳入文献连续型校正 $Z=0.49$,$P=0.857>0.05$,在统计学方面没有意义。在结果的检验方面,Egger 直线回归法与 Begg 法一样。这两种检验方法都说明 NO_2 和 SO_2 纳入文献不存在发表偏倚;PM_{10} 纳入文献存在发表偏倚,需要对其进行偏倚校正。当 PM_{10} 纳入文献存在发表偏倚时,可采用剪补法对其进行校正,以便去除发表偏倚对合并效应的不利影响。剪补法是以发表偏倚造成漏斗图不对称为基础的,是一种非参数统计方法。当用 Metatrim 命令修补时,在研究数量达到 9 项以后,就要进行异质性检验($Q=807.513$,$P<0.001$),检出自由度为 27,之后通过随机效应模型进行合并,得出 1.002 9(95％CI:1.001 8∼1.004 9),即 PM_{10} 平均每升高 10 $\mu g/m^3$,心脑血管疾病死亡的风险就增加 0.29％,这比校正前的 0.48％低,说明偏移结果具有统计学意义。

4. 分析结果

在这十几年里,流行病学和统计学方法被国内外的文献广泛应用,被用于研究空气污染物和健康之间的量化关系,不同的国家、城市和地区根据主要空气污染物的特征、空气污染监测的技术条件、大群结构特点、社会经济状况和气候特征等进行了大量的研究和探讨。空气污染对健康的影响是复杂的,充满了不确定性。对于空气污染和健康量化关系的研究,找不到权威的、有代表性的结论。因此,笔者通过 meta 分析总结和比较了不同国家、城市和地区的不同空气污染物与不同健康测量指标之间的量化关系,以期在量化关系方面得出一个一致性结论,更好地为计算空气污染的健康损失做准备。在 Stata 12.0 的过程中,通过 Metareg 命令进行 meta 回归过程,详细结果见表 4 - 4。

表 4 - 4　不同污染物与健康效应终端反应系数

污染物	健康效应终端	剂量效应系数/(%)	95%可信区间/(%)
PM$_{10}$	过早死亡	0.05	0.07～0.93
	心脑血管疾病	0.50	0.35～0.98
	呼吸系统疾病	0.24	0.20～0.25
	儿童哮喘	0.33	0.21～0.31
SO$_2$	过早死亡	0.12	0.09～0.16
	心脑血管疾病	0.04	0～0.08
	呼吸系统疾病	0.25	0.13～0.38
	儿童哮喘	0.41	0.29～0.44
NO$_2$	过早死亡	1.19	1.93～0.45
	心脑血管疾病	0.34	0.07～0.60
	呼吸系统疾病	0.79	0.47～0.10
	儿童哮喘	0.68	0.45～0.88

4.6　乌鲁木齐市大气环境污染现况

乌鲁木齐市地处新疆中部的天山北麓,准噶尔盆地南缘,东、南、西三面环山,还处在天山峡谷北端的开口处,峡谷南端连接着吐鲁番盆地,故称为"峡口城市"。城市属中温带大陆干旱气候区,年平均降水量不大于 200 mm,年平均气温为－15.2～25.7℃。由于特殊的地理位置,乌鲁木齐市夏季酷热,冬季寒冷且持续时间长,采暖期长,全年盛行北风和西北风,年平均风速较小(2.2 m/s),冬季常出现逆温,大气层结稳定。

乌鲁木齐市特殊的地形和气象条件很不利于污染物的扩散,且能源结构在 2012 年之前以燃煤为主,特别是冬季采暖期长,常会导致严重的大气污染。1998 年全球空气污染最严重的十大城市中,乌鲁木齐名列第四;2000 年中国 46 个城市环境综合整治考核,乌鲁木齐排名倒数第一;2002 年乌鲁木齐空气质量连续 6 天处于五级重度污染,在全国 74 个环保城市中排名倒数第一;在 2011 年世界卫生组织公布的全球 1 083 个城市的空气质量排名中,乌鲁木齐名列 1 053 名;2013 年度全国省会及直辖市城市空气质量排名排第 23 位。由于"十一五"时期乌鲁木齐市实行污染源管控,2012 年以来持续实施"煤改气"工程,逐步采用以天然气为主的能源结构措施,在全国 74 个重点监控城市排名中明显提升,成为全国环境空气质量改善最为明显的城市之一。根据 2015—2017 年原环境保护部发布的 74 个城市空气质量排名显示,乌鲁木齐市排在 61 或 62 名。

由以上数据可见,尽管近年来通过各种手段,乌鲁木齐市的空气质量有所提升,但高能耗、高排放造成的大气污染依然十分严重,工业驱动型经济发展以及由此带来的生态环境破坏问题已经影响到了城市居民的健康状况。由于现阶段地方的社会经济发展尚离不开大规模的能源消耗,乌鲁木齐市以煤为主的能源开发、利用模式短期内也不可能发生质的转变,因此,在保障经济增长的同时,探讨如何通过补偿机制的建立,切实减轻人民群众的健康经济负担,同时引导市区大气环境向好的方向转变,全面改善人民群众的身体健康状况才是重中之重。

4.6.1 自然环境概况

乌鲁木齐市在亚洲的腹部,地处天山北坡,三面环山,只有北面是冲积平原,因此地势东南高,西北低,全年盛行东北风和西南风。一般情况下,白天一般吹谷风,夜晚吹山风,因此昼夜温差大;春秋换季多大风,沙尘天气多,但年平均风速不大,稳定天气居多,且湿度大等,都对污染物的扩散产生不利影响。2012 年乌鲁木齐市逐步实施以天然气代替原煤为燃料的供暖能源结构调整战略,故 SO_2 污染较轻。NO_2 的浓度因"煤改气"战略的实施呈现较明显的降低趋势,但仍然出现部分超标现象,这与近年来乌鲁木齐市机动车保有量的逐年增加有密切关系,截至 2019 年末乌鲁木齐市各种机动车保有量为 125.50 万辆,私人轿车保有量为 105.28 万辆。加之氮氧化物治理启动相对滞后,流动源排放的 NO_2 污染逐渐凸显,李坷等人研究认为,乌鲁木齐市机动车产生的 NO_2 已经超过了燃煤,呈现出尾气污染和燃煤污染并存的复合型污染特征。

在冬季采暖季节,乌鲁木齐市的空气污染以煤烟型污染为主,在其他非采暖季沙尘污染严重,以可吸入颗粒物为主。根据 2015 新疆环境公报结果,乌鲁木齐市的空气质量有所提高。2014 年,乌鲁木齐市环境空气质量优的天数为 238 天,占全年天数的 65.2%,轻度污染、中度污染、重度污染和严重污染比例分别为 18.4%、6.8%、6.6% 和 3.0%。和 2013 年相比,年度优良天数比例增加 7.9%,可吸入颗粒、SO_2 和 NO_2 年均浓度分别下降 7.6%、40% 和 7.1%,细颗粒物年均浓度上升 8.2%,CO 和 O_3 年均浓度与上年持平,空气质量略有好转。2019 年新疆环境状况公报结果表明:首府乌鲁木齐市空气质量达标天数比例为 75.9%,比上年增加 2.0%,PM_{10} 和 $PM_{2.5}$ 浓度分别为 86 $\mu g/m^3$ 和 50 $\mu g/m^3$,比上年分别下降 18.1% 和 3.8%。

五年来,依托自治区"打赢天蓝天保卫战三年行动计划(2018 — 2020)"和"乌-昌-石""奎-独-乌"区域大气污染治理攻坚方案的推动,乌鲁木齐市在产业结构、能源消费结构、运输结构、用地结构上调整优化,稳步开展钢铁行业超低排放改造,工业炉窑,大气污染综合治理,柴油货车污染治理,全面排查散乱方面出台了一系列有效举措。以控源头、严管理、强惩戒为抓手实施天变蓝项目,关停 24 台工业燃煤锅炉,实现减煤 100 余万吨,完成 30 余台燃煤锅炉超低排放改造、多家企业污染防治设施升级改造,分类治理散乱污企业 3 000 余家,规范治理 14 类扬尘点源点面,落实建筑工地 7 个 100%,完成运输车辆密闭改造等以减少扬尘污染。此外,试点投放 200 辆新能源公交车和出租车,绿色公交车辆占公交车比例达 94%。全市及周边范围实现了燃煤组超低排放全覆盖,加大污染防治重点项目资金支持,实施重点区域散煤治理污染防治设施提标改造,完成无组织排放整治和机动车遥感监测项目,修订了重污染天气应急预案,其中乌-昌-石区域重污染天气预警 5 次,并做到了及时监督落实。2019 年全市 SO_2、氮氧化物排放较 2015 年明显下降,全年优良天数为 259 天,大气污染治理取得明显成效。根据乌鲁木齐环境治理报告整理所得,乌鲁木齐市 2015 — 2019 年 II 级以上优良天数统计表见表

4－5。图 4－2 所示为乌鲁木齐市 2015 — 2019 年Ⅱ级以上优良天数比例变化图。

表 4－5　乌鲁木齐市 2015 — 2019 年Ⅱ级以上优良天数统计表

年　份	Ⅱ级以上优良天数/天	比例/(%)
2015	238	65.2
2016	246	67.4
2017	242	66.3
2018	255	75.3
2019	259	75.5

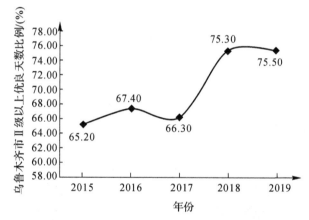

图 4－2　乌鲁木齐市 2015 — 2019 年Ⅱ级以上优良天数比例变化图

4.6.2　主要污染物浓度变化情况

自 2012 年起,国家对环境空气质量的标准做出了调整,环境空气质量监测项目及标准发生变化,由原来的 6 项增加到 9 项,增加了细颗粒物(PM$_{2.5}$)、CO 和 O$_3$,其中可吸入颗粒物(PM$_{10}$)、细颗粒物(PM$_{2.5}$)、SO$_2$、NO$_2$、CO 和 O$_3$ 为 24 h 在线监测,成为评价环境空气质量的 6 项主要指标。环境空气质量是依据《环境空气质量指数(AQI)技术规定(试行)》(HJ633 — 2012)进行测评的,用环境空气质量综合指数来对乌鲁木齐整个区域进行综合考虑,分别对乌鲁木齐 2015 — 2019 年的 PM$_{10}$、PM$_{2.5}$、SO$_2$、NO$_2$、CO、O$_3$ 等 6 项污染指标进行监,观察其浓度的变化程度,综合指数越大表明污染程度越高。根据 2015 — 2019 年新疆环境质量检测报告(表 4－6 为乌鲁木齐市 2015 — 2019 年环境质量监测下 6 项污染指标年均浓度值),通过数据可以发现,2018 年 PM$_{10}$、PM$_{2.5}$、SO$_2$、NO$_2$、CO、O$_3$ 等 6 项污染指标年均浓度值与 2015 年相比都有所下降,其中 2015 — 2019 年期间,乌鲁木齐可吸入颗粒物(PM$_{10}$)浓度持续下降,并于 2018 年下降至 100 μg/m^3 以内。截至 2019 年,乌鲁木齐可吸入颗粒物(PM$_{10}$)浓度共下降 64 μg/m^3,同比下降 39.3%,整体可吸入颗粒物(PM$_{10}$)浓度呈现出逐年递减状态。

表 4-6 乌鲁木齐市 2015—2019 年 6 项污染指标年均浓度值

年 份	污染物项目					
	PM_{10} /($\mu g \cdot m^{-3}$)	$PM_{2.5}$ /($\mu g \cdot m^{-3}$)	SO_2 /($\mu g \cdot m^{-3}$)	NO_2 /($\mu g \cdot m^{-3}$)	CO /($mg \cdot m^{-3}$)	O_3 /($\mu g \cdot m^{-3}$)
2015	133	66	15	52	3.4	107
2016	115	74	14	53	1.32	80
2017	106	70	13	48	1.32	84
2018	99	74	11	44	1.19	75
2019	98	61	10	41	1.15	70

图 4-3～图 4-8 为乌鲁木齐市 2015—2019 年 6 种污染物年平均浓度变化趋势图,图中清晰地表明 2019 年污染物年平均浓度与 2015 年相比较均有明显减少。5 年的环境治理与"煤改气"政策,大幅降低了各类污染物的浓度,其中 $PM_{2.5}$ 年平均浓度呈现出先上升后下降的状态,2019 年达到近几年年平均浓度最低状态,为 61 $\mu g/m^3$,但在 2015 年 $PM_{2.5}$ 年平均浓度呈现快速上升趋势,2016—2018 年 $PM_{2.5}$ 年平均浓度无明显变化。$PM_{2.5}$ 作为煤炭燃烧所产生的最主要、危害性最强的污染因子,其浓度的减少量并不可观,甚至在一定时期内,其污染浓度不降反升,严重污染居民的身体健康。SO_2 作为影响环境空气质量最为主要的污染指标,其浓度呈现出下降趋势,并且在 2015—2019 年期间,浓度出现明显下降,由 15 $\mu g/m^3$ 下降至 10 $\mu g/m^3$,期间 SO_2 浓度首次达到二级标准。2015—2019 年期间,SO_2 浓度共下降 5 $\mu g/m^3$,减少约 33%。

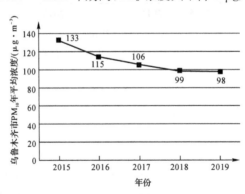

图 4-3 乌鲁木齐市 2015—2019 年 PM_{10} 年平均浓度变化趋势

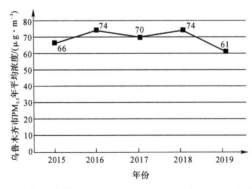

图 4-4 乌鲁木齐市 2015—2019 年 $PM_{2.5}$ 年平均浓度变化趋势

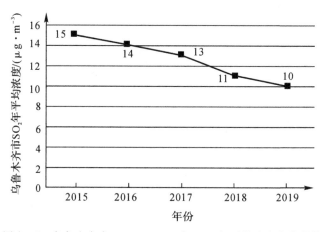

图 4 - 5　乌鲁木齐市 2015 — 2019 年 SO_2 年平均浓度变化趋势

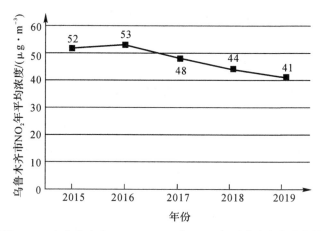

图 4 - 6　乌鲁木齐市 2015 — 2019 年 NO_2 年平均浓度变化趋势

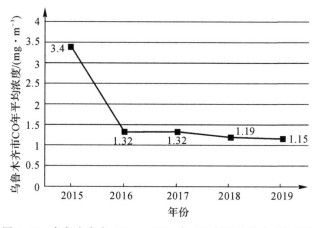

图 4 - 7　乌鲁木齐市 2015 — 2019 年 CO 年平均浓度变化趋势

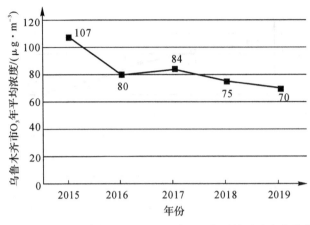

图 4-8 乌鲁木齐市 2015 — 2019 年 O_3 年平均浓度变化趋势

4.7 不同大气污染物与健康效应终端之间的关系

4.7.1 污染物和气温、疾病发生的基本情况

2015 年 1 月 1 日—2019 年 12 月 31 日,乌鲁木齐市城区大气污染物的日平均浓度和日均气温的监测结果,以及居民每日死亡率、大气污染物浓度与气温(T)、湿度(H)分布情况见表 4-7。由表可得,平均每 32.42 例/天是心血管疾病日死亡均值;平均气温在 14℃ 左右,平均湿度高达 57%。

表 4-7 乌鲁木齐市 2015 — 2019 年空气污染物、气象因素描述性统计分析(观察天:1 826 天)

变 量		平均值	标准差	0	25	50	75	100
气象因素	$T/℃$	14.36	12.34	−10.8	1.4	17.55	22.63	37.24
	$H/(\%)$	55.77	18.85	10	44.6	55	76	94
大气污染物	$PM_{10}/(\mu g \cdot m^{-3})$	96.95	77.33	51	25.9	96.55	129.12	316.44
	$SO_2/(\mu g \cdot m^{-3})$	10.76	21.86	2	6	9.98	44	65
	$NO_2/(\mu g \cdot m^{-3})$	45.79	29.95	22	34	48	68	81
健康效应	心血管疾病/例	21	13.54	0	12	24	41	59
	呼吸系统疾病/例	56	22.77	8	29	54	89	188
	居民死亡/例	21	4.35	6	15	25	21	92

注:气象及大气污染物排放数据的来源为相关网站对外公布数据;健康效应数据为 4 所三甲医院调研数据。

2015 年 1 月 1 日—2019 年 12 月 31 日,乌鲁木市月均大气污染物(PM_{10}、SO_2、NO_2)浓度

变化、月均温度变化、月均湿度变化、部分疾病(心脑血管系统疾病、呼吸系统疾病)各月日均发病情况和居民各月日均死亡情况如图 4-9～图 4-16 所示。

　　由图 4-9～图 4-16 可得,乌鲁木齐市区 PM_{10} 的浓度是以冬春季高、夏秋季低变化的。平均超标 36%(国家 2 级标准日平均浓度值为 0.15 mg/m³),每年的浓度是以 11 月到次年 1 月和三四月较高、其他月份较低来变化的。原因主要体现在这几方面:①乌鲁木齐市特殊的地形和由地形形成的特殊气候;②乌鲁木齐市以煤为主的能源结构,因此取暖季燃煤量较大;③乌鲁木齐市春季多沙尘天气。

　　从总体上看,SO_2 的浓度逐年递减,2019 年最低,SO_2 的浓度是以冬季高、其他三季相对较低为周期变化的,变化曲线为 U 形,这也证明了冬季燃煤多会使其浓度变大,但 2019 年的曲线基本趋于平缓,说明"煤改气"后续工程成效显著。

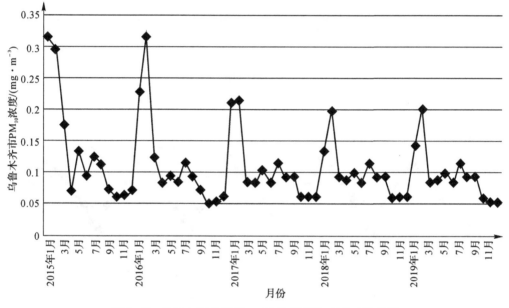

图 4-9　乌鲁木齐市 2015—2019 年 PM_{10} 月均变化趋势

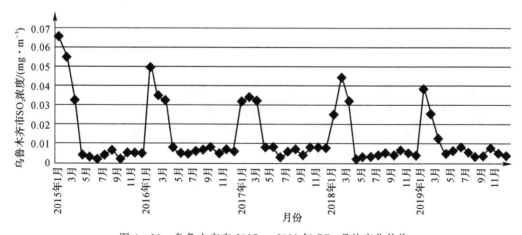

图 4-10　乌鲁木齐市 2015—2019 年 SO_2 月均变化趋势

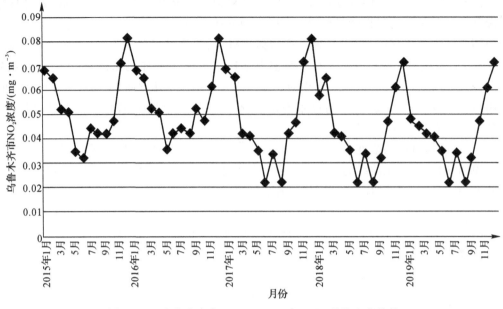

图 4-11 乌鲁木齐市 2015—2019 年 NO_2 月均变化趋势

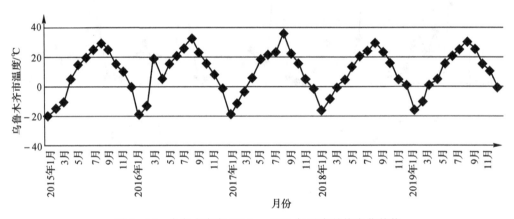

图 4-12 乌鲁木齐市 2015—2019 年温度月均变化趋势

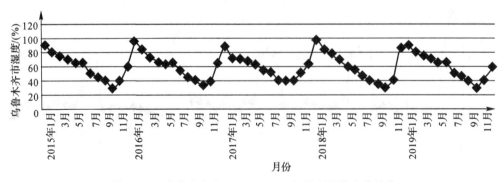

图 4-13 乌鲁木齐市 2015—2019 年湿度月均变化趋势

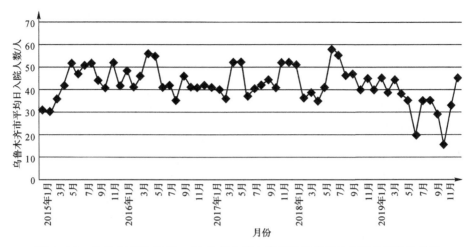

图 4-14　乌鲁木齐市 2015—2019 年心脑血管系统疾病各月入院日均变化趋势

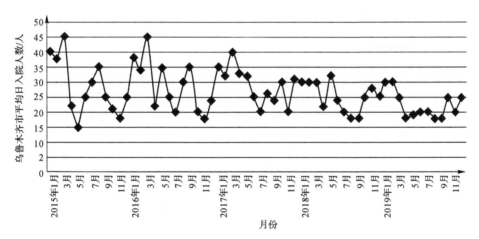

图 4-15　乌鲁木齐市 2015—2019 年呼吸系统疾病各月入院日均变化趋势

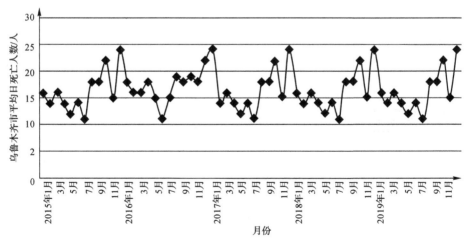

图 4-16　乌鲁木齐市 2015—2019 年居民各月日均死亡变化趋势

注:气象及大气污染物排放数据的来源为相关网站对外公布数据;健康效应数据为 4 所三甲医院调研数据。

NO_2 的浓度也是以冬季高、其他三季相对较低为周期变化的,变化曲线和 SO_2 一样,但总的来看,起伏较小。NO_2 的年平均浓度在 2018 — 2019 年是逐渐变低的,这可能与乌鲁木齐市最近几年机动车管制、空气污染治理有关系。

从温度和湿度的变化情况可以看出,全年的平均温度是以每年的 5 — 10 月较高,1 — 4 月和 11 — 12 月较低表现的。但是,全年的平均相对湿度的高低的时间段正好与平均温度是相反的,5 — 10 月正好是湿度低的阶段。总的来说,气象指标变化是以周期、季节来变化的。

从研究期间乌鲁木齐市心脑血管系统疾病和呼吸系统疾病入院人数的时间序列曲线可见,在对其进行研究时,生病入院的人数是正常的,没有明显的变高或变低。平均每天入院人数的年度变化呈下降的趋势,2018 — 2019 年的平均入院人数明显比 2015 — 2016 年低。由图 4 - 16 可知,在研究时,平均每天的居民死亡人数是不存在周期变化的,也没有明显地变高和变低。

4.7.2　不同大气污染与健康效应终端的相关性分析

1. 大气污染物与心血管疾病相关关系

表 4 - 8 及图 4 - 17 显示了大气污染物 PM_{10}、SO_2 和 NO_2 在单污染模型下与心血管疾病之间滞后天数从 0~5 日的关系,即当各污染物平均浓度每上升 10 $\mu g/m^3$ 时,心血管疾病日入院人数增加的 RR 及其 95％CI。通过分析可知,最大的 PM_{10}、SO_2 与心血管疾病日入院人数 RR 都会在滞后 3 天出现,1.015(1.001~1.031) 和 0.995(0.775~1.096) 分别是其 RR(95％CI),在统计学方面均有意义。最大的 NO_2 与心血管疾病日入院人数 RR 在滞后 4 天出现,1.035(1.006~1.077) 是其 RR(95％CI),在统计学上是有意义的。

表 4 - 8　单污染模型下心血管疾病日入院人数 RR(95％CI)

污染物	滞后天数/天					
	0	1	2	3	4	5
PM_{10}	1.009	0.834	1.009	1.015 *	0.846	1.001
	(0.871~1.039)	(0.741~0.994)	(0.975~1.028)	(1.001~1.031)	(0.689~1.001)	(0.856~1.033)
SO_2	0.815	0.648	0.594	0.995 *	0.867 *	0.539
	(0.756~1.009)	(0.444~0.886)	(0.377~0.731)	(0.775~1.096)	(0.694~1.001)	(0.387~0.782)
NO_2	0.995	0.843	0.898	1.009	1.035 *	1.032 *
	(0.769~1.023)	(0.676~1.007)	(0.676~1.006)	(0.981~1.030)	(1.006~1.077)	(1.006~1.077)

注:* $P < 0.05$。

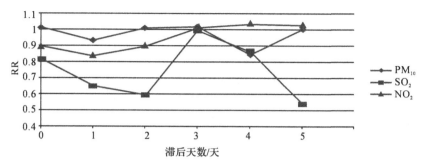

图 4-17　单污染模型下心血管疾病日入院人数 RR

2. 大气污染物与呼吸系统疾病相关关系

表 4-9 及图 4-18 显示了大气污染物 PM_{10}、SO_2 和 NO_2 与呼吸系统疾病之间滞后天数从 0～5 日的关系，即当各污染物平均浓度每上升 10 $\mu g/m^3$ 时，呼吸系统疾病日入院人数增加的 RR 及其 95%CI。通过分析可知，最大的 PM_{10} 与呼吸系统疾病日入院人数 RR 在滞后 2 天达到，1.032(1.026～1.112)是其 RR(95%CI)，在统计学上是有意义的。最大的 SO_2 与呼吸系统疾病日入院人数 RR 在滞后 3 天达到，1.018(0.941～1.159)是其 RR(95%CI)，在统计学上是有意义的。最大的 NO_2 与呼吸系统疾病日入院人数 RR 在滞后 4 天出现，0.886(0.456～1.036)是其 RR(95%CI)，在统计学上是没有意义的。

表 4-9　单污染模型下呼吸系统疾病日入院人数 RR(95%CI)

污染物	滞后天数/天					
	0	1	2	3	4	5
PM_{10}	0.995	1.012	1.032 *	1.025 *	1.015	0.995
	(0.837～1.042)	(0.993～1.048)	(1.026～1.112)	(1.004～1.091)	(0.858～1.034)	(0.864～1.051)
SO_2	1.012	1.003	1.033 *	1.053	1.026	1.020
	(0.944～1.056)	(0.945～1.126)	(1.002～1.068)	(1.016～1.097)	(0.983～1.068)	(0.976～1.088)
NO_2	1.006	0.998	1.039	1.044	1.065	1.031
	(0.943～1.035)	(0.776～1.029)	(0.974～1.099)	(1.002～1.092)	(1.008～1.102)	(0.001～1.085)

注：* $P < 0.05$。

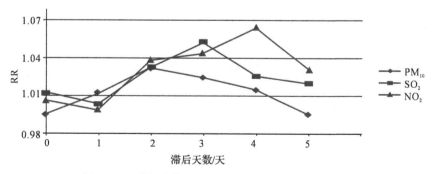

图 4-18　单污染模型下呼吸系统疾病日入院人数 RR

3. 大气污染物与居民日死亡相关关系

表 4-10 及图 4-19 显示了大气污染物 PM_{10}、SO_2 和 NO_2 与居民死亡之间滞后天数从 0~5 日的关系,即当各污染物平均浓度每上升 10 $\mu g/m^3$ 时,居民死亡人数增加的 RR 及其 95%CI。通过分析可知,最大的 PM_{10}、SO_2 与居民死亡人数 RR 均在滞后 2 天出现,1.088 (1.044~1.102) 和 1.026(1.001~1.068) 分别是其 RR(95%CI),在统计学上是有意义的。最大的 NO_2 与居民死亡人数 RR 在滞后 3 天出现,1.089(1.033~1.126) 是其 RR(95%CI),在统计学上是有意义的。

表 4-10 单污染模型下居民死亡人数 RR(95%CI)

污染物	滞后天数/天					
	0	1	2	3	4	5
PM_{10}	0.996	1.011	1.088 *	1.045	0.998	0.688
	(0.773~1.022)	(0.084~1.042)	(1.044~1.102)	(0.001~1.095)	(0.412~1.032)	(0.456~1.003)
SO_2	0.895	1.001	1.026 *	1.011	0.956	1.007
	(0.612~1.008)	(0.856~1.388)	(0.001~1.068)	(0.941~1.059)	(0.314~1.028)	(0.957~1.064)
NO_2	0.923	0.845	1.044	1.089 *	1.026	0.945
	(0.644~1.133)	(0.675~1.125)	(0.995~1.099)	(1.033~1.126)	(0.956~1.095)	(0.625~1.120)

注: * $P < 0.05$。

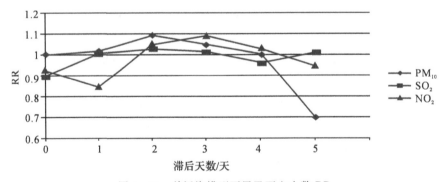

图 4-19 单污染模型下居民死亡人数 RR

由此可见,从 2015 年年初到 2019 年年末,乌鲁木齐市的 PM_{10}、SO_2 和 NO_2 都分别对心血管和呼吸系统疾病以及居民日死亡人数产生了不好的影响,且污染物的种类不一样,在心血管疾病、呼吸系统疾病和居民日死亡人数方面的影响也是不同的。

3 天、3 天和 4 天分别是 PM_{10}、SO_2 和 NO_2 影响心血管疾病日住院人数的最佳滞后天数,且影响在统计学方面都是有意义的。PM_{10} 对呼吸系统疾病日入院人数的影响最佳滞后天数为 2 天,SO_2 对呼吸系统疾病日入院人数的影响最佳滞后天数为 3 天,其结果在统计学方面都是有意义的;4 天是 NO_2 影响呼吸系统疾病日入院人数的最佳滞后天数,但这个结果在统计学方面是没有意义的。2 天、2 天和 3 天分别是 PM_{10}、SO_2 和 NO_2 影响居民死亡人数的最佳滞后天数,且影响在统计学方面都是有意义的。

4.7.3　多种大气污染物与居民健康效应终端相关关系

将不同污染物模型中有统计学意义及最佳滞后天数的污染物浓度与同天其他污染物同时引入 GAM 模型方程进行多污染物模型拟合,分析在引入其他污染物后各污染物对居民健康效应终端人数影响的情况,结果见表 4-11~表 4-13。

表 4-11　多污染模型下心血管疾病入院人数 RR(95%CI)

模　型	PM_{10}(滞后 3 天)RR		SO_2(滞后 3 天)RR		NO_2(滞后 4 天)RR	
单污染物	1.015 *	(1.001~1.031)	0.594 *	(0.775~1.096)	1.035 *	(1.006~1.077) *
双污染物	—		1.011 *	(0.992~1.086) *	1.018 *	(0.099~1.037) *
	1.046 *	(1.001~1.093) *	—		1.056 *	(1.018~1.088) *
	1.038 *	(1.006~1.070)	1.033 *	(1.003~1.066) *	—	
多污染物	1.012	(0.992~1.028)	1.053 *	(1.012~1.092) *	1.032 *	(1.003~1.067) *

注:* $P<0.05$。

由表 4-11 可见,在分别引入 SO_2 和 NO_2 时,PM_{10} 对心血管疾病的日入院人数的影响是呈上升趋势的,且结果是有统计学意义的;在多污染物模型中同时引入 3 种污染物时,PM_{10} 对心血管疾病的日入院人数的影响是呈下降趋势的,其结果在统计学上是没有意义的。SO_2 在分别引入 NO_2 和 PM_{10},以及同时引入 3 种污染物时,对心血管疾病的日入院人数的影响是呈上升趋势的,且结果是有统计学意义的。NO_2 在单独引入 SO_2 以及同时引入 3 种污染物时,其对心血管疾病的日入院人数的影响是呈下降趋势的,且结果是有统计学意义的;在单独引入 PM_{10} 时,NO_2 对心血管疾病的日入院人数的影响是呈上升趋势的,且结果是有统计学意义的。

表 4-12　多污染模型下呼吸系统疾病入院人数 RR(95%CI)

模　型	PM_{10}(滞后 2 天)RR		SO_2(滞后 3 天)RR		NO_2(滞后 4 天)RR	
单污染物	1.032 *	(1.026~1.112)	1.018 *	(0.941~1.159)	0.886	(0.456~1.036)
双污染物	—		1.024 *	(0.955~1.077)	1.022	(0.094~1.055)
	1.086 *	(1.032~1.105)	—		1.041 *	(1.003~1.082) *
	1.055	(1.001~1.092)	1.043 *	(1.004~1.085)	—	
多污染物	1.014	(0.894~1.059)	1.023 *	(0.995~1.054)	1.021 *	(0.995~1.059) *

注:* $P<0.05$。

由表 4-12 可见,在分别引入 NO_2 和 SO_2 时,PM_{10} 对呼吸系统疾病的日入院人数的影响是呈上升趋势的,但单独引入 SO_2 后的统计结果是有统计学意义的,单独引入 NO_2 后的统计结果是没有统计学意义的;在多污染物模型中同时引入 3 种污染物时,PM_{10} 对呼吸系统疾病的日入院人数影响是呈下降趋势的,但统计结果没有统计学意义。SO_2 在分别引入 PM_{10}、NO_2,以及同时引入 3 种污染物时,对呼吸系统疾病的日入院人数的影响是呈上升趋势的,且结果是有统计学意义的。NO_2 在分别引入 PM_{10}、SO_2,以及同时引入 3 种污染物时,其对呼吸系统疾病的日入院人数的影响是呈上升趋势的,且结果有统计学意义。

表 4 - 13　多污染模型下居民死亡人数 RR(95%CI)

模　　型	PM_{10}(滞后 2 天)RR	SO_2(滞后 2 天)RR	NO_2(滞后 3 天)RR
单污染物	1.088　(1.044~1.102)*	1.026*　(1.001~1.068)*	1.089　(1.033~1.126)*
双污染物	—	1.014*　(0.912~1.096)	1.014　(0.089~1.047)
	1.076*　(1.024~1.125)*	—	1.068*　(1.008~1.094)*
	1.055　(1.011~1.096)	1.021　(0.923~1.068)	—
多污染物	1.039　(0.988~1.089)*	1.015　(0.889~1.123)	1.044　(1.011~1.073)

注:* $P < 0.05$。

由表 4 - 13 可见,在分别引入 SO_2 和 NO_2 时,PM_{10} 对居民死亡人数的影响是呈下降趋势的,但引入 SO_2 后的统计结果是有统计学意义的,引入 NO_2 后的统计结果是没有统计学意义的;在多污染物模型中同时引入 3 种污染物时,PM_{10} 对居民死亡人数的影响是呈下降趋势的,且结果有统计学意义。SO_2 在引入 PM_{10} 后对居民死亡人数的影响是呈下降趋势的,且结果在统计学上是有意义的;在引入 3 种污染物及 NO_2 时,对居民死亡人数的影响是呈下降趋势的,但没有统计学意义。NO_2 在单独引入 PM_{10}、SO_2,以及同时引入 3 种污染物时,其对居民死亡人数的影响是呈下降趋势的,但仅在引入 SO_2 时结果有统计学意义,其他结果没有统计学意义。

4.8　不同污染物对乌鲁木齐市居民造成的健康效应估算

4.8.1　居民暴露人群评估

本书选取乌鲁木齐市城区范围之内的人口作为暴露人群,人口范围特指乌鲁木齐市大气污染较为严重的市区。在计算暴露人口时,通常选取常住人口,这是考虑到城区的流动人口很多,户籍人口没有代表性。根据乌鲁木齐市统计年鉴数据,由图 4 - 20 可以得出,乌鲁木齐市这几年的常住人口增长缓慢,在 2014 — 2019 年间,仅增长 2 万人。城区人口 2014 — 2019 年呈下降趋势,减少约 40 万人。

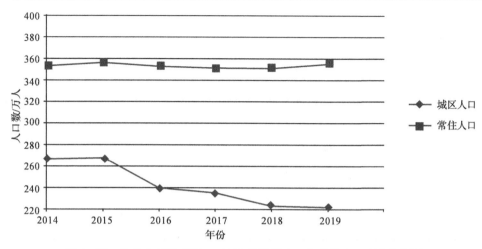

图 4-20 乌鲁木齐市 2014—2019 年城区人口与常住人口变化趋势图

4.8.2 居民健康情况

由表 4-14 和图 4-21 可见,乌鲁木齐市居民 2015—2019 年间的疾病发生率和死亡率总体变化不大,其中死亡率和心血管疾病发生率均在 2017 年降至最低,分别达到 3.12‰ 和 0.44‰,之后均有所回升;呼吸系统疾病发生率在 2017 年降至最低,达到 0.82‰,之后有所回升;儿童哮喘发生率近年来呈稳定状态,未见明显上升或下降。

表 4-14 乌鲁木齐市 2015—2019 年居民大气污染相关疾病发生率和死亡率(‰)

指 标	2015 年	2016 年	2017 年	2018 年	2019 年
死亡率	3.43	3.35	3.12	3.44	4.4
心血管疾病发生率	0.62	0.59	0.44	0.46	0.52
呼吸系统疾病发生率	0.91	0.84	0.82	0.85	0.91
儿童哮喘发生率	0.05	0.06	0.06	0.04	0.06

注:数据来源为 4 所三甲医院调研数据。

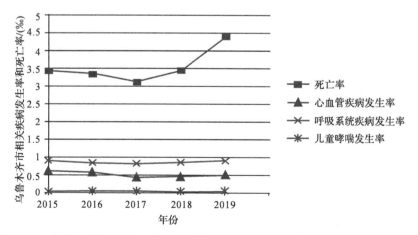

图 4-21 乌鲁木齐市 2015—2019 年居民大气污染相关疾病发生率和死亡率变化图

4.8.3 居民健康损失情况

由表 4-15 及图 4-22 可见,受经济和社会发展速度影响,近年来乌鲁木齐市各类疾病的人均医疗费用有一定程度上升,但幅度不大,受 2019 年药品实施零差价改革政策影响,医疗费用整体没有出现大幅上涨,呈现持平状态,仅心血管疾病负担 2019 年较 2015 年有明显上升。

表 4-15　乌鲁木齐市 2015 — 2019 年人均医疗费用　　　　　　(单位:元)

指　　标	2015 年	2016 年	2017 年	2018 年	2019 年
呼吸系统疾病人均费用	12 900	13 400	13 300	13 500	13 700
心血管疾病人均费用	20 600	28 100	23 400	34 900	35 400
儿童哮喘人均费用	7 560	7 710	7 915	7 810	7 941

注:数据来源为四所三甲医院调研数据。

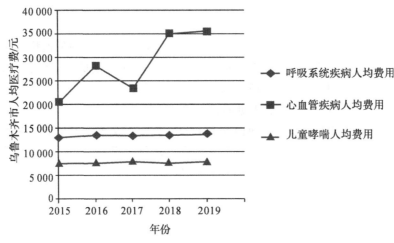

图 4-22　乌鲁木齐市 2015 — 2019 年人均医疗费变化图

4.8.4 居民健康经济损失测算

在对大气污染所造成的人体健康经济损失进行计算时,把经济损失分为三类,分别是过早死亡、呼吸系统疾病和心血管疾病。同时,由于疾病发生而产生的住院、时间和工作经济损失也同样纳入计算范围。

1. 过早死亡经济损失

本书在对过早死亡损失进行计算时,通常选择修正的人力资本法,其计算公式为

$$H_{CL} = \text{GDP}_{PCO} \sum_{i=1}^{t} \frac{(1+\alpha)^i}{(1+r)^i}$$

式中,人均收入 GDP_{PCO} 为已知,其他 3 项参数 t、r、α 都未知,需先将其确定下来,才能求出 H_{CL}。我国以韩明霞、过孝民、张衍燊三人为代表,仔细研究了人力资本法中的各项参数,在研

究过程和结果方面都立足我国国情,且考虑到不同地区的经济发展水平,大致计算出修正人力资本法中的各项参数,为以后计算提供了参考。因此,根据韩明霞等人的研究结果,本书选择 18 年为人均损失寿命年 t,社会贴现率 r 是 8%,人均增长率 α 是 6%。通过把算出的数代入公式,再根据乌鲁木齐市平均每人的收入值,最后计算出乌鲁木齐市在 2015—2019 年里的过早死亡的损失(见表 4 - 16)。

表 4 - 16　乌鲁木齐市 2015—2019 年的过早死亡的人力资本损失

指　标	2015 年	2016 年	2017 年	2018 年	2019 年
人均生产总值/元	91 819	102 457	116 197	139 003	150 566
人力资本损失/(元·人⁻¹)	845 695	1 026 454	1 156 484	1 215 481	14 582 156

由表可知,2015—2019 年,乌鲁木齐市过早死亡的人力资本损失增加了 13 736 461 元,究其原因,乌鲁木齐市在经济实力增强、人均收入逐年增加的同时,人力资本损失也随之增长。通过把过早死亡人数和过早死亡的人力资本损失相乘,就得出了因大气污染引起的过早死亡所产生的经济损失,计算公式为

$$V_1 = E_1 H_{CL}$$

式中:V_1 为过早死亡经济损失;E_1 为过早死亡的人数;H_{CL} 为修正的人力资本损失。

通过上式可得出乌鲁木齐市的过早死亡经济损失,其计算结果见表 4 - 17。表中显示,2015—2019 年间,乌鲁木齐市的过早死亡经济损失从 2015 年的 30 582 万元增长到 2019 年的 43 045 万元,5 年内增长了 12 463 万元,过早死亡经济损失主要是 PM_{10} 造成的损失。

表 4 - 17　乌鲁木齐市 2015—2019 年不同污染物所致过早死亡的经济损失

(单位:万元)

指　标	2015 年	2016 年	2017 年	2018 年	2019 年
PM_{10}	26 345	29 215	31 514	35 256	39 356
SO_2	2 936	2 650	2 345	2 520	2 330
NO_2	1 301	1 356	1 356	1 412	1 359
合　计	30 582	33 221	35 215	39 188	43 045

2. 心血管疾病及慢性支气管炎经济损失

心血管疾病和慢性支气管炎对人体健康的危害很大,患者会承受很大的精神痛苦,在生活水平降低的同时,患者本人还会失去劳动能力,因此,经济损失不能用所花的医药费来表示,在评价慢性支气管炎的经济损失时,应采用患病失能法。据于方等人的研究,慢性支气管炎的伤残调整生命年(DALY)是 46%,故慢性支气管炎造成的经济损失为人力资本的 46%,计算公式为

$$V_2 = \gamma E_2 H_{CL}$$

式中:V_2 为心血管疾病或慢性支气管炎经济损失;E_2 为心血管疾病或患慢性支气管炎的人数;γ 为心血管疾病或慢性支气管炎的 DALY;H_{CL} 为修正的人力资本损失。

根据上述公式,可以算出乌鲁木齐市心血管和慢性支气管炎疾病的 V_2,详细结果见表 4 -

18。从表中可以看到,从 2015—2019 年,乌鲁木齐市慢性支气管炎和心血管疾病的经济损失是呈上升趋势的,从 35 521 万元增加到 40 483 万元,增加了 4 962 万元。在对这两种疾病的经济损失进行计算时,要以人力资本损失为基础,平均收入增多了,人力资本损失也会相应增加,慢性支气管炎造成的损失也会大幅度提升。

表 4-18　乌鲁木齐市 2015—2019 年大气污染所致心血管疾病及慢性支气管炎的经济损失

(单位:万元)

指　标	2015 年	2016 年	2017 年	2018 年	2019 年
PM_{10} 所致心血管疾病	9 094	10 158	11 514	11 579	12 150
SO_2 所致心血管疾病	7 701	7 814	7 885	7 912	7 929
心血管疾病损失合计	16 795	17 972	19 399	19 491	20 079
PM_{10} 所致慢性支气管炎	11 012	11 548	11 885	12 151	12 415
SO_2 所致慢性支气管炎	7 714	7 748	7 015	7 578	7 989
慢性支气管损失合计	18 726	19 296	18 900	19 729	20 404

3. 急性支气管炎及儿童哮喘经济损失

其他疾病治疗经济损失包含前文提及的急性支气管炎和儿童哮喘所造成的损失,计算公式为

$$V_3 = \sum_i^m (P_i F_i)$$

式中:V_3 为其他病治疗经济损失;P_i 为第 i 种疾病患病人数,本书特指急性支气管炎和儿童哮喘;F_i 为第 i 种疾病的平均医疗费用。

依据上述公式计算得到的关于乌鲁木齐市大气污染所造成的急性支气管炎及儿童哮喘的经济损失见表 4-19。表中数据表明,这两种疾病所造成的经济损失是在逐年增长的。

表 4-19　乌鲁木齐市 2015—2019 年大气污染所致急性支气管炎及儿童哮喘经济损失

(单位:万元)

指　标	2015 年	2016 年	2017 年	2018 年	2019 年
PM_{10} 所致急性支气管炎疾病	4 501	4 879	4 976	5 148	5 598
SO_2 所致急性支气管炎疾病	6 624	6 598	6 789	7 458	7 695
急性支气管炎损失合计	11 125	11 477	11 765	12 606	13 293
PM_{10} 所致儿童哮喘	2 416	2 458	2 489	2 558	2 489
SO_2 所致儿童哮喘	2 151	2 014	2 215	2 481	2 369
儿童哮喘损失合计	4 567	4 472	4 704	5 039	4 858

4. 住院、时间和工作的经济损失计算

表 4-20 显示,乌鲁木齐市因为大气污染所导致的不同疾病误工经济损失是在逐年增长的,这是因为乌鲁木齐市经济实力增强,人均收入也逐年增长,还因为计算经济损失所用的方

法和以前不一样,现在使用的是以人均收入评价人的修正的人力资本法。因此,以新人力资本法来看,平均收入增多了,个人价值也会增加,所造成的误工和死亡损失相应地也会变大。因此本书计算的经济损失逐年变大也是可以理解的。

表 4 - 20　乌鲁木齐市 2015 — 2019 年大气污染所致不同疾病误工经济损失

（单位：万元）

指　标	2015 年	2016 年	2017 年	2018 年	2019 年
呼吸系统疾病	2 019	2 120	2 155	2 458	2 550
心血管系统疾病	46 951	51 248	55 891	59 784	61 487

注：此处的呼吸系统疾病包括急慢性支气管炎和儿童哮喘。

5. 居民健康经济损失合计

随着地区经济发展速度不断提升,居民的健康经济损失也逐年上涨,但总体增长速度还是远远低于当地国民生产总值的增长速度的。由表 4 - 21 和图 4 - 23 可见,2015 年居民健康经济损失为 130 765 万元,占当年 GDP 的 0.54%,至 2019 年,居民总健康经济损失达 165 716 万元,比 2015 年上涨了 34 951 万元,占当年 GDP 的 0.5%。

表 4 - 21　乌鲁木齐市 2015 — 2019 年大气污染所致疾病经济损失

（单位：万元）

指　　标		2015 年	2016 年	2017 年	2018 年	2019 年
直接经济损失	死亡损失合计	30 582	33 221	35 215	39 188	43 045
	心血管疾病损失	16 795	17 972	19 399	19 491	20 079
	慢性支气管损失	18 726	19 296	18 900	19 729	20 404
	急性支气管炎损失	11 125	11 477	11 765	12 606	13 293
	儿童哮喘损失	4 567	4 472	4 704	5 039	4 858
间接经济损失	呼吸系统疾病	2 019	2 120	2 155	2 458	2 550
	心血管系统疾病	46 951	51 248	55 891	59 784	61 487
合　　计		130 765	139 806	148 029	158 295	165 716

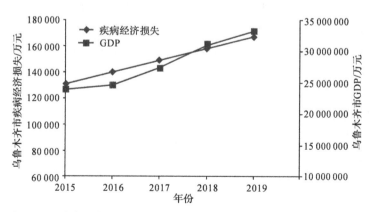

图 4 - 23　乌鲁木齐市 2015 — 2019 年疾病经济损失与 GDP 趋势比较图

4.9　本　章　小　结

通过上述乌鲁木齐市的相关数据可以发现,2019 年 PM_{10}、$PM_{2.5}$、SO_2、NO_2、CO、O_3 等 6 项污染指标与 2015 年相比都有所下降,其中 2015 — 2019 年期间,乌鲁木齐市 PM_{10} 浓度持续下降,并于 2018 年下降至 100 $\mu g/m^3$ 以内,截至 2019 年,乌鲁木齐市 PM_{10} 浓度共下降 64 $\mu g/m^3$,同比下降 39.3%,整体 PM_{10} 浓度呈现出逐年递减状态。通过汇总乌鲁木齐市在 2015 — 2019 年 5 年间的主要大气污染物和平均每日温度和湿度的时间序列数据,并建立时间序列图形发现:研究期间乌鲁木齐市各类污染物浓度变化均按照冬春季较高、夏秋季较低的规律变化。PM_{10} 变化的高峰期是每年的 11 月至次年的 4 月。研究期间,乌鲁木齐市的日均温度季节变化大,呈波浪状。通过对研究期间的时间序列数据进行分析,得出结论,医院每天入院的的心血管疾病和每日死亡的居民人数的变化趋势稳定。

本书收集了 2015 — 2019 年的乌鲁木齐市大气污染物与心血管疾病每天入院人数及居民每日死亡人数,采用广义相加模型,分析了这两者的相关性。本书以乌鲁木齐市全体居民为基础,每日因心血管疾病入院和居民每日死亡是小概率,心血管疾病平均每日的入院人数和平均每日的居民死亡人数的实际分布均接近于 poossion 分布。因此,本书选择了 GAM 模型,通过进一步探索大气污染对居民的健康效应,得出结论,确定其关系是正相关且滞后的。污染物与健康效应相关研究结果表明,乌鲁木齐市 PM_{10}、SO_2 和 NO_2 3 种污染物对心血管疾病、呼吸系统疾病入院人数以及居民平均每日的死亡人数有很大联系。在单一的污染物模型中,PM_{10}、SO_2 和 NO_2 对心血管疾病日入院人数影响的最佳滞后天数分别为 3 天、3 天和 4 天,且影响均具有统计学意义的显著性;PM_{10} 对呼吸系统疾病入院人数影响最佳滞后天数为 2 天,SO_2 对呼吸系统疾病入院人数的影响最佳滞后天数为 3 天,所得结论在统计学方面都是有意义的,4 天是 NO_2 影响呼吸系统疾病入院人数的最佳滞后天数,但是所得结论在统计学方面没有意义;2 天、2 天和 3 天分别是 PM_{10}、SO_2 和 NO_2 影响居民日死亡人数的最佳滞后天数,且所得结论在统计学方面均有意义。研究期间,乌鲁木齐市的 PM_{10}、SO_2、NO_2 平均浓度每增加 10 $\mu g/m^3$,心血管疾病日入院人数危险性分别增加 1.02%、0.10% 和 1.04%,呼吸系统疾病日入院人数危险性分别增加 1.03%、1.03% 和 1.07%,居民日死亡人数危险性分别增加 1.08%、1.026% 和 1.09%。PM_{10}、SO_2 和 NO_2 不仅在单污染物模型中对两类疾病和居民每日死亡人数有影响;而且在多种污染物模型中也对这两类疾病和每日死亡的居民人数有影响。PM_{10} 在引入其他污染物后对每天的心血管疾病入院人数以及每天死亡的居民人数的影响较小,略有下降,对呼吸系统疾病的影响则有所提升,且大部分影响在统计学方面有意义;SO_2 在引入其他污染物后对心血管疾病和居民死亡的影响略微下降,但对呼吸系统疾病的影响则有所提升,且大部分的影响在统计学方面是有意义的;NO_2 在引入其他污染物后对心血管疾病、呼吸系统疾病和居民死亡的影响都略有下降,且大部分影响有统计学意义。

本书应用修正的人力资本法、疾病成本法对乌鲁木齐市在 2015 — 2019 年间的损失进行计算,得出乌鲁木齐市的健康损失在这 5 年里由 130 765 万元增长到 165 716 万元,分别占当年 GDP 的 0.54% 和 0.5%。依据上述结果,乌鲁木齐市的过早死亡和误工经济损失在逐年增多,所占比例也在增加,其中原因有二:①乌鲁木齐市在这 5 年里经济发展起来,经济总量大幅增长,人均收入逐年提高;②计算污染损失的方法有所变化,以人均 GDP 衡量人的价值。因此,当人均收入增多时,个人的价值也会相应提升,因大气污染造成的损失也随之增加。除此之外,通过比较国外同类的研究得出,大气污染物(特指本研究结果中显示的大气污染物)对心血管系统疾病的急性效应相对来说较低。形成这种局面的原因很多,比如,乌鲁木齐市人民适应了这种环境;这几年国家医疗技术显著提高,许多病人会就近治疗,不去大医院,因此本书的资料就不具有代表性,没有包含小医院和医疗机构;不同污染源造成的污染不同,其性质也不同,乌鲁木齐市的大气颗粒物多为无机矿物质,损害人体健康的水平较低,而其他发达国家和地区空气污染严重,对人体健康的影响较大;地区不同、年龄层次分布不同,其对大气污染的敏感程度也不同。

第 5 章　基于能源-环境情景模拟的大气污染健康风险预测

现代化的能源消费体系主要是以化石能源为主体,因此而产生的主要大气污染物包括 SO_2、NO_x、PM_{10}、$PM_{2.5}$ 等,它们在很大程度上导致了如今空气环境的逐年恶化和多种危害健康的疾病,包括呼吸道感染以及心血管疾病等,更有甚者造成了部分敏感人群急性死亡的现象,对人群健康构成极大威胁。近年来我国相关的卫生机构以及相关的世界组织都制定并颁布实施了较为严格的环境质量标准,目的是使空气质量能保持良好并保证环境达到所需的各种指标。城市伴随工业化社会产生,工业的集中发展与城市规模的日益扩大,加强了城市与外界的经济联系,同时作为工业、商贸、金融、交通等中心,城市对于区域经济的发展至关重要。但是就我国而言,城市占到社会总能耗的 80% 以上。在人类活动造成的 CO_2 排放中,森林减少占据 18.2%,交通占据 17.5%,建筑占据 19.8%,工业占据 44.5%。发展低碳经济,建设低碳城市已成为世界性共识。我国先后颁布了《中国应对气候变化国家方案》《国家应对气候变化规划(2014 — 2020 年)》等推动应对气候变化、促进低碳城市发展的法律法规,开展了低碳城市试点工作,把建设低碳城市作为转变发展方式的一项战略任务,为乌鲁木齐市低碳城市发展水平提供了良好的宏观环境。

近年来,乌鲁木齐市已经大大加强了在环境污染治理,尤其是大气污染治理方面的工作,因为实施了"煤改气"工程,大气污染得到了有效控制,2016 年新疆维吾尔自治区部署全疆生态文明建设工作,出台《新疆维吾尔自治区关于加强全区生态文明建设的实施意见》;2017 年部署"十三五"节能减排工作,印发《新疆维吾尔自治区"十三五"节能减排工作实施意见》;2018 年《新疆维吾尔自治区 2018 年生态文明建设工作要点》文件明确要求生态文明建设工作要全面贯彻党中央十八大和十九大会议精神,牢固树立五大发展理念,聚焦社会稳定和长治久安总目标,为完成"十三五"节能降碳目标、建设生态文明提供有力支撑。但由于乌鲁木齐市工业化发展起步较晚,经济社会发展与资源环境约束之间的矛盾问题集中出现且时间相对滞后,目前面临的形势是低碳与高碳的矛盾集中、突出,有些问题相互交织,解决难度大,紧迫性强,在城市能源消费及碳排放量方面尚无法达到国际标准,由于能源过度消费导致的大气污染问题在很大程度上依然很严峻,广泛地影响着城市居民的健康。鉴于此,本书围绕城市能源消费、大气污染以及对居民健康的影响等问题进行一系列的研究与讨论。

5.1 能源消费驱动因素分析

衡量一个地区的优、劣势必将会与当地经济以及生产的发展相联系。立足于我国的实际情况,各个地区的社会水平区别较大,城市化的差距也比较大,经济发展水平不一,乌鲁木齐市相对全国来说在发展中不具有明显优势,与内地一线城市发展还是存在很大差距,人民的生活水平和经济发展水平还有待全面提升,这也从另一方面证实其存在很大的发展空间,需要不断地跨越以及实现。地方人民的生活水平与居民生活能源结构需求紧密相连,需求在不同的历史发展时期和背景下势必将会产生变化和波动,而在人民的生活水平提高到一定的程度之后,就会逐渐考虑居民生活能源需求的分布是否合理。能否将全市的能源结构需求最大化是城市经济发展到一定程度后必然要考虑的首要问题。

按照现阶段的可持续发展方针来看,社会经济方面和能源领域方面的发展将持续影响现代居民生活的能源结构需求,因此想要改善就必须着力变化经济发展方式和调整变化能源结构。从可持续发展的目标来看,城市能源结构需求主要从社会经济和能源发展两方面进行分析。在社会经济方面,有人口数量、城市化水平、个人生活水平、经济发展水平等因素,这主要是从影响居民生活的能源消费方式入手来影响居民对能源的需求;而在能源发展方面,以政府提供的相关政策为指导,通过优化居民生活使用的能源结构,来进一步扩大居民在这方面的需求。其具体关系如图 5-1 所示。

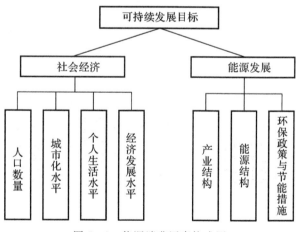

图 5-1 能源消费因素构成图

1. 人口数量

人口增长在一定程度上会改变居民生活的能源需求结构,进而造成大气污染物排放量增长,并影响当地居民的健康水平。在当代中国,由于人口惯性的原因正逐步进入老龄化阶段。老龄化社会最主要的特点是家庭成员的数量少了,但家庭数量多了。根据以前已有的研究成果可以知道,家庭规模越大,平均每人所需要的能源反而越少;相反,家庭规模越小,平均每人所需要的能源反而越多。根据相关统计数据显示,乌鲁木齐市人口老龄化的高峰期是在 2030

年,其老龄化人口总数将会达到人口总数的25%。由此可知,随着老龄化人口增多,乌鲁木齐市未来的能源消费结构一定会发生改变,而随着生活水平的提高,其能源需求质量将会有更高的要求。乌鲁木齐市人口不算多,但少数民族人口占绝大多数,达到75.34%,结合现阶段的生育政策,未来30年的人口增长速度应该略高于全国平均水平,预计到2025年常驻人口将会达到400万人。人口增长与环境资源的承受能力是具有一定规律的,人口增长过快将会给当地的环境资源带来很大的损失,造成的环境问题也将会十分严重。因此在人口数量这方面需要很好地进行控制,使其能够与环境资源问题结合,实现两者的协调性,同时控制人口结构有利于解决环境污染物的问题。

2019年乌鲁木齐市总人口222万人,占全疆总人口比例的10%。按三次产业就业人员划分:2000年乌鲁木齐市就业人员合计为77.65万人,其中从事第一产业、第二产业、第三产业的人员分别为6.79万人、24.51万人、46.35万人,构成比例为8.74∶31.57∶59.69。2010年乌鲁木齐市就业人员合计为135.29万人,其中从事第一产业、第二产业、第三产业的人员分别为12.51万人、35.80万人、86.98万人,构成比例为9.25∶26.46∶64.29。2015年乌鲁木齐市就业人员合计为181.22万人,其中从事第一产业、第二产业、第三产业的人员分别为9.30万人、36.27万人、135.65万人,构成比例为5.13∶20.01∶74.86。2018年乌鲁木齐市就业人员合计为194.93万人,其中从事第一产业、第二产业、第三产业的人员分别为9.25万人、39.63万人、146.05万人,构成比例为4.75∶20.33∶74.92。由此可发现乌鲁木齐市第一产业就业人员在2000—2018年先升后降,最终稳定在10万人左右;第二产业就业人员尽管绝对量有所增加,但从就业人员构成比例来看是基本变化不大的;第三产业无论是从就业人员数量还是就业人员构成比例来看均有了大幅上升。从动态来看,2000—2010年乌鲁木齐就业人员年均增长率为5.66%,第一、二、三产业就业人员年均增长率分别为6.24%、3.55%、6.70%;2010—2018年乌鲁木齐就业人员年均增长率为4.87%,第一、二、三产业就业人员年均增长率分别为−4.91%、0.23%、8.11%。纵向比较得出,2000—2010年第一产业就业人员数处于不断上升状态,而在2010—2018年则不断下降;第二产业就业人员由2000—2010年间的上升变为2010—2018年间的基本持平;第三产业就业人员数两个时间段的年均增长率均是递增的,且递增速度加快。可以看出近年来乌鲁木齐市产业结构转型的政策已初见成效。

2. 城市化水平

伴随着城市化进程的逐步加快,乌鲁木齐市的城市化水平越来越高。但是,随之出现了相应的问题,如城乡人口结构发生变化,大量乡村人口涌入城市,城市资源紧张,环境问题日益严重,能源消费的扩大使用使得地区造成的大气污染也逐步严重,因此可见,协调好城乡人口的比例和资源能源的使用结构对大气污染物的控制降低有着十分重要的作用。城市居民使用的主要能源是煤炭、液化石油气等,造成的大气污染十分严重,鉴于现在的发展需求,大部分乡村人口转移到城市导致相应的能源消费结构改变,造成更多的环境污染问题,尤其是在大气污染物方面尤为突出。城市人口的逐渐增加除了会改变能源结构使用的直接变化之外,还将会大幅度增加建筑材料的使用。在2011—2020年里,乌鲁木齐市房地产开发企业共同建造商品住宅地总投资达到1 084.52亿元,住宅面积增长了983.35×10⁴ m²。由此可见,建筑材料包括水泥、钢筋、石灰等的使用量也在逐年地大幅度增长,相应的能源消耗量也在增多,一定程度上加剧了大气污染物的产生率。与2004年相比,现阶段的城市人口居住面积提高了57.4 m²/人,由此可以推断出其消耗的能源总量将会增加很多。近年来,城市生活污水集中处理率、城市生活垃圾无害化处理率和工业固体废弃物综合利用率明显提升。在 2008 — 2018 年间,城市生活污水集中处理率年均增长 3.12％,城市生活垃圾无害化处理率年均增长高达 13.33％,工业固体废弃物综合利用率年均增长 3.09％,表明乌鲁木齐市循环化基础设施建设逐年完善,目前已经取得了良好的效果,2018 年 3 种循环利用处理率均达到 90％以上。根据《乌鲁木齐市 2015 — 2019 国民经济和社会发展统计公报》可知,2018 年乌鲁木齐市的城区绿化覆盖面积达 3.11×10^4 ha(1 ha$=10^4$ m^2),建成区绿化覆盖率与绿地率分别为 41.9％和 38.4％。为了进一步减少大气污染物的排放,乌鲁木齐市还重点关注老旧车辆与"黄标车"的淘汰,为持续改善首府生态环境质量,对一号冰川、柴窝堡湖等重点水源涵养区的生态修复治理工作持续加强。

3. 个人生活水平

随着现代经济实力的不断增强,城市居民人均收入也大幅增多,居民的生活环境和水平也大大提高。居民生活的改善主要体现在以下几方面:居住面积的大小、居住环境的舒适度、室内空调的使用情况以及其他一系列的电力消耗能力等。而从能源品质等方面来看,电的广泛使用及电气化水平的不断提高,使能源结构更加绿色经济,但是更多地使用天然气、液化石油气等高品质能源,对相关的大气污染物也具有一定的影响。

随着社会的不断进步,人们的收入逐渐增多,相应地人们的精神物质需求也在不断增长,因此居民的生活资源能源消耗的增长趋势是必然的。2013 年,乌鲁木齐市相关专家组对节能减排的未来发展方向进行了探索分析,根据报告的分析数据可以看出,乌鲁木齐市的居民生活所用能源的数量是逐年提高的,未来将会到达 11％。其增长的速度在整个能源体系结构中已经占据了极为重要的部分,在整个能源结构中占据第 3 位。从发达国家的发展经验来看,居民生活资源的能源用能占据全社会所有能源消费总量的1/3。但是根据现有的数据显示,目前乌鲁木齐市的居民生活能源使用在全社会所有能源消费总量的构成中还不足 1/10,因此可见乌鲁木齐市的居民生活能源使用率的增长还有很大的潜力,并且从某种程度上来看,这种需求也是必要的、刚性的。因此,在这种大环境下,政府部门工作人员也会对居民生活能源的使用情况提高关注度。

"十二五""十三五"时期市区民生工程建设进展明显,居民生产生活条件持续改善。2010 — 2018 年地方财政支出年平均增长率为 18.33％,其中教育、科学技术、文化体育与传媒、社会保障和就业以及医疗卫生支出的年平均增长率均超过地方财政支出的年平均增长率,尤其科学技术领域支出的年均增长率达到了 21.38％,表明乌鲁木齐市对于民生重点领域如教育、医疗、文化体育和社会保障等方面持续大力投入,同时始终通过坚持提高科学技术创新能力来引领经济发展,造福百姓生活。"十三五"期间,在教育领域,改建各类学校(含幼儿园) 30 所;在医疗领域,全民健康工程开始启动,公共卫生服务水平全面提高,其中免费提供公共卫生服务项目达 15 类 51 项;在文化体育领域,持续推进文化惠民活动,完善市区基础文化设施建设,各族群众精神文化需求得到有效保障,启动乌鲁木齐奥林匹克体育中心项目建设,圆满完成第十三届冬奥会赛事组织工作;在社会保障领域,社会保险覆盖面持续扩大,社会养老、福利、救助、慈善等事业取得长足发展,保障水平不断提高。

4. 经济发展水平

一般来说,能源消费的水平高低与本地区经济总体水平和经济结构有关。我国仍属于发展中国家,产业结构有待继续完善,发达程度不够,尤其是第三产业的比例需要在发展中继续提升;人均GNI仍属于世界中等水平,人均收入还没有达到世界平均水平,并且国内不同地域之间的经济发展水平差异显著。一个地区、一定时期内的能源消费能力取决于本地区的经济发展水平,经济发展水平高,生产的产品数量就多,相应的能源消耗也就增多。同时,经济结构不同,对能源的消费也不同。经济结构良好,消耗的能源少;经济结构不合理,消耗的能源相对较多。因此,在未来保证经济平稳增长、持续增长依然是中国的首要目标之一,着重发展高新技术产业和服务业,淘汰落后产能,加快转变经济发展方式——低碳绿色可持续的发展,实现社会全面进步。

由于能源的特性,肯定会在促进经济增长的同时产生环境污染。要想不产生一点污染,只有清洁型能源能做到,这种想法未来或许会实现,但现有的技术水平是做不到的。大自然能源是以煤炭、石油和天然气为主的,这在很大程度上决定了经济能源结构是以污染型的碳基能源为主。因此,这种天然的关系贯穿于能源消费的始终,区别仅仅是在不同时期三者关系可能不同。目前的能源结构以化石能源为主,煤炭消费的能源主体地位在长期内很难改变,能源消费方式和能源利用效率都饱受诟病。"十一五"规划提出能源强度约束,"十二五"规划提出具体降低指标,并且立法为其保证,节约能源和能源消费总量的控制措施至关重要。此外,国内地域性消费结构失衡,能源的主要产地在中西部,东部发达地区需要巨额的能源,这种差异不仅增加了能源运输成本,供需矛盾的时常发生也影响着经济发展。未来应对气候变化,降低碳排放,经济发展和产业结构的升级也将导致能源结构的变动,未来对低碳清洁能源的需求逐渐增多,以煤炭为主的高碳能源比例将逐渐被新能源替代。

5. 产业结构与能源结构

从表面上来看,产业结构对能源需求会产生一定的影响作用。一般情况下,同样的经济效益,第三产业消耗的能源相对来说是最少的。因此,要优化产业结构,增加第三产业所占的比例,以有效降低我国的能源消耗量;罗马不是一天建成的,要仔细考虑并分析可能会出现的情况,争取使产业结构和我国经济实力相吻合;要优化产业结构,发挥第三产业的带动作用,提高能源的利用率,科学地促进经济的健康发展。

此外,对环境保护的重视以及发展可持续的经济,都将促使世界转变能源的利用方式,并且使能源结构发生变革,也就是向"环境无害化的清洁能源体系"转变,这种转变有力地促进了世界经济发展向好的方向转变,即由资源消费型经济转变成资源节约型经济。从2009年我国能源消费所占比例来看,煤炭占比最大,大约为70%;石油次之,占17.9%;水、核、风电稍少,仅占7.8%;天然气最少,才占3.9%。我国虽然是一个用煤大国,但并没有有效利用煤炭。同时,这种以煤为主的能源结构存在缺点,同等产出条件下煤炭消耗能源量偏大,煤炭使用过多会造成环境的严重污染。以油、气为主的能源结构要优于以煤为主的能源结构,世界上的发达国家多使用这种能源结构,且这些国家的能耗也比我国低很多。

乌鲁木齐市在"十二五""十三五"期间,坚持把低碳发展作为深入贯彻落实科学发展观、加快转变经济发展方式的突破口和重要抓手,全面推进"新型工业化、现代服务业、城市现代化和乌-昌经济一体化"四大战略,持续加大工作力度,在经济社会平稳快速发展的同时,在低碳城市发展方面取得了显著成效。2018年万元工业增加值能耗相比2010年下降了38.04%,万元

GDP 能耗相比 2010 年下降了 25.53%,其中万元工业增加值能耗下降幅度更大,说明乌鲁木齐市近年来在产业结构调整、能源结构优化、产业转型升级等方面取得了明显进步。自 2012 年乌鲁木齐成为国家第二批低碳试点城市以来,原煤消费量逐渐降低,2015 — 2018 年降速分别为 4.36%、4.56%、4.86%;天然气消费量逐渐增加,相同时间段内天然气消费量增速分别为 8.12%、8.481%、8.82%,天然气应用范围已经拓展到采暖、工业等领域。清洁能源的大面积开发利用为乌鲁木齐低碳城市的进一步发展奠定了良好基础。

6. 环保政策和节能措施

通常意义下的居民生活领域能源政策制定包括两方面——宏观经济政策和监管政策。政府主要通过宏观经济政策来调控城市居民生活领域的各个方面,统筹安排节能减排,不断优化细节处理,减少影响市场,最后实现预想的节能减排的目标。监管政策是以法律手段来直接干预或者进行有效的指导,实现居民用能的合理化,从能力和方向上实现有效实施与控制。这两种手段需要合理使用,以争取实现最大化的能源使用效率。乌鲁木齐市积极编制并完成发展规划,为低碳城市的建设进一步明确了行动指南;认真落实工业节能政策的各项调控措施,严格实行节能评估和审查工作,万元 GDP 耗电量和工业企业用水量逐年下降;鼓励发展循环经济,提高“三废”重复利用率;加强城市绿化,形成以大面积荒山绿化为屏障,道路绿化为骨架,公园游园美化为基础,庭院绿化为点缀的城市园林绿化生态体系,碳汇能力显著提高,积极打造天山绿洲生态园林城市。

综上所述,乌鲁木齐市环境质量和低碳循环的一些指标在绝对量上数值较高,但从相对比例角度而言又不尽如人意,表明乌鲁木齐市向低碳城市建设仍任重而道远。第一,能源资源高消耗与经济产出不匹配。以汽油使用量一项为例,根据《乌鲁木齐市统计年鉴》,2011 年这一数字仅为 793 096 t,而 2018 年为 1 277 032 t,是 2011 年的 1.61 倍,年均增长率达到 14.66%。这些消耗最终会产生对应的 CO_2 排放到大气中,增加温室气体浓度,破坏大气臭氧层,严重制约乌鲁木齐市向低碳城市的发展。乌鲁木齐能源消费幅度的上升主要来自于冶金、建材、电力、化工与纺织等高耗能企业,企业技术实力与管理能力的差异决定了能源利用效率的高低,由于首府地处我国西北内陆,企业技术实力与管理能力均与东南沿海差距较大,所以能源资源的过度消耗却无法直接转换成相对应的经济产出。第二,产业结构中第二产业短时间内难以高度化。尽管近几年来乌鲁木齐市产业结构由“二、三、一”调整为“三、二、一”形态,但重化工业对于经济发展的支撑作用举足轻重,且短期内无法完成第二产业从劳动密集型、资金密集型向技术密集型、知识密集型的转变,这就导致第二产业不能完全发挥深度加工的作用,难以拥有较高的劳动生产率,即第二产业高度化处于“阻滞阶段”。同时大量工业项目的投产受制于能源资源和水资源的刚性约束,反过来能源资源和水资源的高速消耗也会进一步制约低碳城市的可持续性发展。第三,低碳循环领域科研基础薄弱,创新型人才匮乏。出于乌鲁木齐市区位因素的原因,其吸引创新型人才和科研领军人物的能力相对较弱,从而导致企业的技术创新基础和能力普遍薄弱。乌鲁木齐高校对于低碳循环领域的相关研究主体又较少,致使相关企业没有合适的平台或机会去将“产学研”有机结合,无法应用科研创新成果实现资源节约与新能源开发,无法做到对污染物循环处理“零排放”的最佳模式。加之对于能源梯级利用、相关产业链接技术的研发和推广不足,导致低碳城市建设实体化的智力和技术支撑不足。第四,节能环保资金占财政支出比例增速较低。虽然乌鲁木齐市 2018 年节能环保资金占财政支出比例达 22.45％,远高于新疆自治区同指标占比,但在年均增长率方面又存在增速较低的实际情况。在绿色技术改造、环保产业发展、资源节约与综合利用等方面的资金投入还有待继续加大,以解决致力于低碳循环技术创新的企业长期面临的节能减排技术专项资金匮乏、融资困难、低碳循环经济资金供需矛盾突出等一系列问题。第五,低碳循环领域体制机制尚不完善。尽管乌鲁木齐市先后出台了低碳循环领域的相关法律法规与政策体系,以支持首府作为第二批国家级低碳城市试点的建设,但从全国范围来看相关的法律法规与政策数量较少,问题导向性不明确,比如低碳循环经济指标统计制度的不完善就难以支撑乌鲁木齐市的低碳城市实体化建设。碳排放交易、资源再生利用和废弃物循环利用的相关政策需要进一步完善,以健全组织领导与工作协调机制,从而助力低碳城市建设的良性实体化推进。

5.2 情景分析模型构建

5.2.1 LEAP 模型

鉴于之前对相关因素的分析和对国内外模型的比较,本书选择了 Long - range Energy Alternatives Planning system(LEAP)模型。LEAP 数据分析模型的设计研发者是瑞典斯德哥尔摩环境研究院,这个模型是以 Bottom - Up 为基础来计量相关经济模型的,其优势在于这个软件是以分析外界情景为基础的。通过这个模型软件可以算出能源的需求以及相应产生的环境影响并进行合理化的分析,同时还将会根据成本效益分析对外界环境包括大气污染在内的影响进行评估,把包括 PM_{10}、SO_2、NO_2 等在内的大气污染物加入环境分析当中,用来作为最终的环境设计影响分析。目前这个模型已经在上百个国家得到了应用,分析了很多的类似性问题。这主要归功于分析计算的操作简单易懂,且弹性好,同时因为数据结构非常灵活、简单易得,以及相关分析的目的和其他一系列的原因,数据结构的特点也就更为明显。除此之外,这个模型在推测外界能源的需求、能源影响环境方面也能够得到广泛应用。

LEAP 计算模型(见图 5 - 2)可以提供多种情景选择的建模软件,其建模基准主体是基础能源。特定情况下,情景不同,做出的能源选择也不相同,这是因为不同地区经济和科技发展的水平是不同的,在这种情况下,就得对能源生产消费的过程进行周全考虑。基于 LEAP 软件模型具有相关柔性的数据化结构,并且还能够按照使用者的目的和环境来有针对性地进行技术化的规范以及对终端用户使用的细节进行更为具体的分析,同时还能够结合相对较为宏观的经济模型进行分析,可以在一定程度上发现并不能够准确估算能源政策对当地的 GDP 或者其他经济方面产生的影响。除此之外,在对其他类似的软件提供必要的问题接口方面,LEAP 模型软件也是可以的,其他软件可以直接引入 LEAP 模型软件,或者和 LEAP 软件合作来运行。

LEAP 最优秀的一点是其模型具有相对较为严谨的操作弹性以及相对较为易使用的特

征,同时数据结构非常灵活,方便了软件使用者,软件使用者可以通过 LEAP 软件,并结合数据的可得性,以及相关的分析目的,来构造类似的数据结构。这个软件在某种程度上还可使决策者能够迅速利用政策思想走到政策分析阶段,同时还能够利用相对更复杂的现代化模型 LEAP 的关键核心部分对外界制定的区域进行情景分析。在各个环境下满足结合普遍环境情景下的能源系统进行特定的社会经济活动,同时还要在这样的背景下进行一套规范性的政策条件,最后将其发展为结合时间效应展开连贯环节的运算。

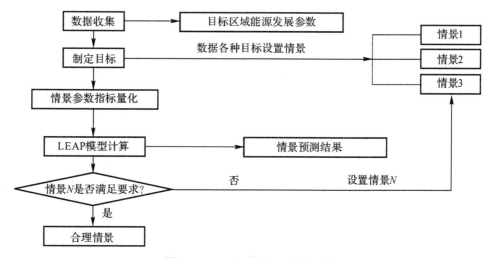

图 5-2　LEAP 模型思路框架图

5.2.2　情景分析模型构建

情景分析法的本质是一个对中长期战略进行预测的框架,其立足于现实或可预见的未来,对未来的发展方向进行预测。情景分析法的应用范围十分广泛,包括对能源资源环境进行战略规划、政策分析和决策管理支持等。情景分析法在许多领域都有应用,更多的是把软件用来预测未来由于经济增长、颁布实施的政策和技术的更新换代等产生的不一样的情景,从而推算出不同情景下可能会有的能源需求以及未来发展低碳经济的方式。在制定中长期的战略规划时,因为中间会出现太多突发的、不确定的事件,政策决定者在制定政策时可能会不符合现实。为了避免这种情况出现,制定出最符合现实的政策,应采用情景分析法,这种方法可以对未来会出现的情况进行最大程度的预测,从而促使政策决定者制定出最科学合理的政策。

近十几年来,国际上一些研究机构已经逐步开始采取情景分析法对包括环境、大气污染在内的一系列预测对象进行核心分析研究。通常所说的的情景分析更多的是对未来可能会出现的情景进行预测,而不是有一个确定的预言或者结果。因此,在模拟外部情景时,每个人都要对自己的未来发展方向进行充分、细致的设想,进一步说,就是根据自己目前的实际情况畅想一下未来发展的前景。在进行情景设定时需要进行大量的数据以及背景的研究,对这项研究对象的发展进程、历史进行、现实状况都要有一个充分的分析和探索,以确定一个整体、清晰的发展思路,进一步对未来的发展方向进行科学的、有定量的、有依据的、具有说服力的假设,进行最终实现目标的确定并提出一系列可行性的方案以及需要采取的措施,为整体目标的实现提供良好的基础。鉴于此,许多研究者在对经济进行评测时,都会选择定性的分析软件工具,来科学、合理地评价推测一些关键的合作数量指标。除此之外,这些研究者还会借用其他定量工具,更深层次地推测不同发展情景下核心实物发展的具体状况,并充分地分析与比较预测的核心结果,最后提出相对科学、合理的想法、措施。

本书在研究过程中主要采用情景分析法来预测乌鲁木齐市居民生活所需要的能源需求,同时结合未来能源结构需求的改变以及外界环境变化可能导致的一系列影响,尽量避免传统预测模型造成的分析缺点,同时还将结合未来发展的趋势做出进一步的评估分析,确立出多种预案再选择。

1. 情景的设定

在能源消费与主要大气污染物排放强度预测方面采用瑞典斯德哥尔摩环境研究院开发的LEAP 模型,该模型现阶段已在国内外研究中广泛使用。本书的基准年设定为 2018 年,根据乌鲁木齐市社会发展经济目标和相关发展规划,结合市政府提出的节能减排和环保要求对乌鲁木齐市的能源消费情景进行设定,研究时段为 2018 — 2030 年。为了能够更好地实现情景的模拟化,将社会的前景性更好地模拟出来,在研究过程中,结合《乌鲁木齐市社会经济发展目标和相关规划》,设置 S1、S2、S3 三个情景,具体名称分别为 Scenario 1、Scenario 2 和 Scenario 3。根据现实的发展需求,在这三个情景中又设置了一个关键性目标、三个主要变量以及其他多个执行主体。

三个情景具体设置如下。

(1)基准情景(Scenario 1)。在较低的约束情景即情景 1 下,所体现出来的就是乌鲁木齐市能源消费结构和相应的环保节能政策都是 2018 年的水平。对于此阶段的预设情景主要是在 2010 — 2018 年发展的趋势基础上继续外推的。考虑到这些年城市的经济实力、人口规模、对能源的消耗和需求等都是逐年增长的,因此把最重要的驱动因素设定为经济增长,当气候发生变化时采取不作为来应对,保持正常发展下所需要的能源和能达到的碳排放量。通过结合这个城市的未来定位和发展目标,体现出情景 1 下城市的能源保障和对生态环境的影响。通常情况下,对能源的需求和碳排放量达到最高的情景是 Scenario 1。

(2)中约束情景(Scenario 2)。情景 2 能源消费结构的依据是《新疆能源发展"十三五"规划》中全疆煤炭、油品、天然气、新能源和可再生能源的消费结构,将其值设定为 56.1%、24.3%、11.7%和 7.9%。

此阶段是在情景 1 的基础上,通过结合城市为应对气候变化所提出的一系列相关的政策、措施、计划等现状,再结合优化能源结构和实用高效的技术等手段,有效地落实节能减排的措施,并很好地持续下去,更好地实现经济、社会、环境的协调可持续发展。这种情景称为低碳情景,它体现的是未来有可能的能源需求和碳排放。情景 2 通过制定实施坚持应对气候变化的政策,有效地促进了低碳技术的进一步发展,也更好地改善了人们的生活消费模式。

(3)高约束情景(Scenario 3)。情景 3 能源消费结构的依据是《能源发展战略行动计划(2014 — 2020 年)》中全国煤炭、油品、天然气、新能源和可再生能源的消费结构,将其值设定为 15%、22%、28%和 35%。

在情景 3 条件下,能源与环境之间的控制协调性进一步加强,突出表现在节能力度将会实现进一步加大,相关的能源消费总量也将得到一定的控制,总体表现为现有的能源消费结构将会逐步向内地发达省市所能够达到的水平看齐。设定的主要目标是到 2030 年,在严格控制能源消费总量的前提下节能力度进一步提升,对于环保要高标准、严要求,争取实现最高的目标。在这样的能源消耗环境背景下,进一步实现更高要求的环保性,进而使外部空气环境质量提高,减少大气污染物的存在。

此阶段是建立在情景 2 的基础上,因为国际在这方面已有成熟的研究成果,且国内的城市愿意减少碳排放,所以经济发展的方式发生了变化,人们也改变了过去不低碳绿色环保的消费理念,更加注重保护环境、节能减排,低碳技术大幅度提高,用于节能减排的成本也大大减少,因而大大地改善了能源结构,有效控制了对能源的消耗,在各项政策措施的落实方面,更有规范性、行动力和号召力。

2. 情景参数设定方法

对于三个情景参数的具体设置主要采用以下方法。

(1)趋势外推法。其主要思路是通过收集以前的数据,再草拟数据曲线,最后得出未来的发展方向。

(2)增长率预测法。

$$A_i = B(1+C)^{i-1} \tag{5-1}$$

式中:A_i 为预测期 i 年的预期数据;B 为相关某基准年关键性因素的指导数据;C 为这几年的年平均增长率。

3. 情景参数的设定

能源环境消费的约束情景设定主要是基于乌鲁木齐市的社会经济发展情况以及目标进行合理化决策的,因此需要明确能源消费所需要的主要驱动因子,同时还需要对其现状的发展和能够达到的目标值进行合理化的规定(见表 5-1)。而在此基础上还需要能够不断结合已有的相关节能减排政策和合理的环保发展趋势,在乌鲁木齐市 18 年(2000—2018 年)的能源损耗的基础上,根据现实状况拟定 2020 年较高水平、中水平、低水平,2025 年较高水平、中水平、低水平,2030 年较高水平、中水平、低水平 3 种约束情景。

表 5-1　乌鲁木齐市能源消费驱动因子参数设定

指　　标		年　份		
		2020 年	2025 年	2030 年
当年 GDP/千亿元		3.09	4.95	8.88
年均 GDP 增长率/(%)		7.85*	7.85	7.85
户籍人口/万人		222.26	230.15	308.05
城市化率/(%)		90.15	94.50	96.00
三次产业增加值占 GDP 比例/(%)	第一产业	1.15	0.55	0.35
	第二产业	28.67	26.26	22.7
	第三产业	70.18	73.19	76.95

续 表

指　标		年　份		
		2020 年	2025 年	2030 年
主要行业增加值占工业增加值比例/(%)	煤炭开采和洗选业	2.0	1.6	1.1
	石油加工、炼焦和核燃料加工业	13.54	11.24	9.58
	化学原料和化学制品制造业	3.26	2.99	2.21
	黑色金属冶炼和压延加工业	15.25	10.58	5.58
	计算机、通信和其他电子设备制造业	5.8	9.9	15.8
	电力热力生产和供应业	18.56	22.58	27.11
	非金属矿物制造业	2.77	2.05	1.88
	其他	38.82	39.06	36.74
机动车保有量/万辆		114.72	135.48	198.56

注：2018 年数据来自《乌鲁木齐市统计年鉴 2019》，预测数据由 2000—2018 年乌鲁木齐市统计数据建立时间序列模型计算。

* 年均 GDP 增长率定为 7.85% 是以基准年情景为标准设定的，假定近 10 年 GDP 增长率维持不变。

5.2.3　能源消费预测模型

乌鲁木齐市的主要能源消费品种及统计消费量参考《乌鲁木齐市统计年鉴 2019》中分行业主要能源消费情况，包括煤炭、天然气、焦炭、石油、电力和汽油等。能源消费部门主要涉及工业、服务业、电力 3 个部门，能源计算公式为

$$\mathrm{TD}_i = \sum_k \sum_i \mathrm{AV}_{i,k,j} \mathrm{ED}_{i,k,j} \tag{5-2}$$

式中：TD_i 为能源消费总量；$\mathrm{AV}_{i,k,j}$ 为活动水平；$\mathrm{ED}_{i,k,j}$ 为能源消费强度；i 为能源类型；k 为不同部门；j 为消费终端。

根据乌鲁木齐市的环境污染现况，将主要大气污染物定为 SO_2、PM_{10} 和 NO_2，预测公式为

$$\mathrm{TD}_y = \sum_k \sum_j \sum_i \mathrm{AV}_{k,j,i} \mathrm{ED}_{k,j,i} \mathrm{EF}_{k,j,i,y} \tag{5-3}$$

式中：TD_y 为某污染物的排放量，y 为空气污染物类型；$\mathrm{EF}_{k,j,i,y}$ 为某部门某消费终端某能源的某气体排放量。主要能源消费部门大气污染物排放因子（见表 5-2）参考谢元博等人（2013）的研究成果。

表 5－2　主要能源消费部分大气污染物排放因子

消费部门	燃　料	排放因子/(g·kg^{-1})		
		SO$_2$	PM$_{10}$	NO$_2$
火力发电	煤炭	8.46	0.87	6.58
	天然气	0	0.24	1.47
工业燃料	煤炭	15.38	1.61	4
	焦炭	19	0.29	4.8
	汽油	1.6	0.25	16.7
	柴油	2.24	0.31	9.62
	原油	2.75	1.6	5.69
	天然气	0.18	0.24	1.76
	液化石油气	0.18	0.22	2.1
	煤气	0.08	0.24	0.24
服务业	煤炭	8.62	1.62	1.88
	液化石油气	0.18	0.22	2.1
	天然气	0.18	0.24	1.76
	煤气	0.08	0.24	0.8

5.2.4　不同污染物与健康效应终端反应系数

目前已有的统计资料显示,乌鲁木齐市 2018 年的常住人口已经达到了 355 万人,而在这之中主城区的常住人口也已经超过了 350 万人。在册户籍上城市居民死亡人数达到近 2 万人,其相关的人口总死亡率已经超过 6‰。根据统计显示,致命死亡率排名前四位的疾病主要包括恶性肿瘤、心脏病、脑血管病以及呼吸系统疾病。如前文所述,心血管病以及呼吸系统疾病通常是由大气污染物的出现而导致的,由此可见大气污染物对人体伤害的危险程度。为了进一步确认其相关参考的价值性,通过与世界卫生组织所制定的标准进行有效对比发现,SO$_2$、NO$_2$、PM$_{10}$ 的年平均浓度分别达到了 11 μg/m^3、96 μg/m^3 和 46 μg/m^3。而 β 值主要是根据分析以往由大气污染物引起的城市居民死亡率变化的一系列流行病学的相关文献报道来进行确定的,因此本部分研究采取成果参照法对大气污染所致居民死亡的反应系数进行界定。表 5－3 所示为污染物浓度每增加 10 μg/m^3 导致的居民死亡率增加的比例。

表 5 - 3　污染物浓度每增加 10 $\mu g/m^3$ 导致的居民死亡率增加的百分数

大气污染物	健康终点	β 值		参考文献
		均　数	95％CI	
SO₂	总死亡率	1.02％	(0.65％,1.38％)	[192]
	心血管疾病死亡率	1.42％	(0.38％,2.00％)	[194]
	呼吸系统疾病死亡率	2.69％	(1.17％,4.21％)	[193]
NO₂	总死亡率	1.19％	(1.93％,0.45％)	[192]
	心血管疾病死亡率	1.34％	(1.07％,1.60％)	[194]
	呼吸系统疾病死亡率	2.79％	(1.47％,4.10％)	[193]
PM₁₀	总死亡率	0.33％	(0.26％,0.41％)	[195]
	心血管疾病死亡率	0.42％	(0.33％,0.51％)	[195]
	呼吸系统疾病死亡率	1.45％	(0.51％,1.40％)	[193]

5.3　研究区域基本概况

　　乌鲁木齐市在地理位置上是亚洲中心、欧亚大陆腹地,同是也是我国对外开放的重要西部城市,还是新疆维吾尔自治区的政治、经济和文化的中心。受城市功能布局、能源结构等因素影响,大气污染问题较为突出。现阶段市区有工矿企业 200 余个,构成了以煤炭、钢铁、化工、石油加工、电力、纺织、建筑、建材、造纸等门类为主的现代化城市,能源利用的低效浪费以及以煤为主的城市能源结构是造成乌鲁木齐市大气污染的主要因素。市区的能源消耗结构比例为原煤∶油品∶天然气∶可再生能源=73.2％∶22.4％∶3.7％∶0.7％。随着我国经济实力的增强和乌鲁木齐市城市化水平的提高,乌鲁木齐市城市人口显著增多,对于能源的消耗也大幅提高。因为不管是生活上还是工业上,乌鲁木齐市的能源结构均是以煤为主的,所以乌鲁木齐市主要的大气污染是煤烟型污染。经济社会发展了,人民收入增多了,相应在衣食住行方面也会提高要求,这就导致了一个问题,即能源的消耗急剧增长,环境污染问题越发严重,因此越来越多的人们开始关注环境污染问题。此外,该地区的特殊地理气象条件造成了空气污染物不易扩散和稀释,导致市区自净能力非常有限。

5.3.1　能源消费与 GDP 增长情况

　　能源是经济社会发展的基础,如果经济增长了,能源的消耗也会增多。乌鲁木齐市是一个燃煤大市。通过乌鲁木齐市 2000 — 2018 年 GDP 与原煤消耗量数据(见图 5 - 3)可以看出,GDP 与原煤消耗量具有很高的相关度。

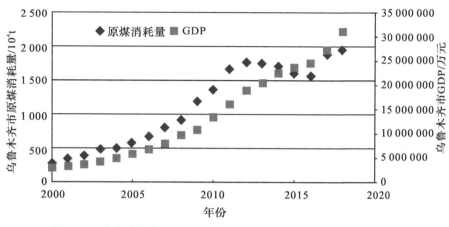

图 5-3　乌鲁木齐市 2000—2018 年 GDP 与原煤消耗量增长趋势图

5.3.2　能源消费与污染物排放情况

通过统计 2000—2018 年乌鲁木齐市主要大气污染物的排放情况可以将乌鲁木齐市大气污染情况分为三个阶段。第一阶段,2000—2004 年,此阶段正面临西部大开发,一系列大型的重工业项目陆续上马,大气污染物浓度居高不下,尤其是大型颗粒物,持续达到国家重度污染标准,煤耗增速也较高。这一阶段乌鲁木齐市被列为全国污染最严重的城市之一。2002 年随着第一期"蓝天工程"项目的开展,以可吸入颗粒物为主的污染物浓度开始下降,截至 2004 年,浓度降到最低,达到国家空气质量二级标准。第二阶段,也就是 2005—2011 年,由于乌鲁木齐市机动车数量增多和采暖季耗煤数量多的缘故,空气污染又有所上升,平均空气污染物浓度在 0.14 mg/m³ 左右。第三阶段,也就是 2012—2018 年,空气污染有所下降,主要是由于 2012 年乌鲁木齐市实施了"煤改气"工程,煤的消耗量大幅减少,冬季空气污染大大减低,达到国家二级空气质量标准。虽然空气质量有所改善,但污染情况依然不容忽视,主要污染物是 PM_{10}、SO_2 和 NO_2。其中,PM_{10} 最多,SO_2 次之,NO_2 最弱。考虑到今后城市人口规模、能耗量等都在不断扩大的情况,乌鲁木齐市今后的环保、节能减排工作会面临严峻的形势。各主要污染物和能源消费间的关系如图 5-4～图 5-9 所示。

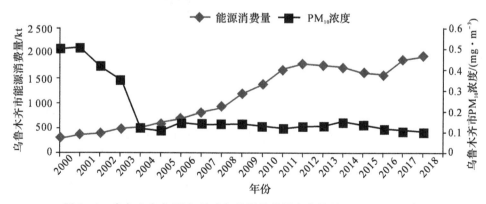

图 5-4　乌鲁木齐市 PM_{10} 浓度与能源消费量变化情况(2000—2018 年)

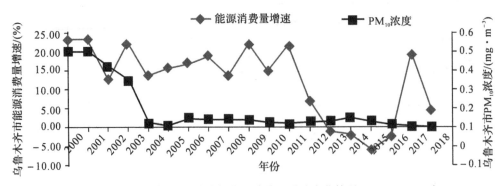

图 5-5 乌鲁木齐市 PM$_{10}$浓度与能源消费量增速变化情况(2000—2018 年)

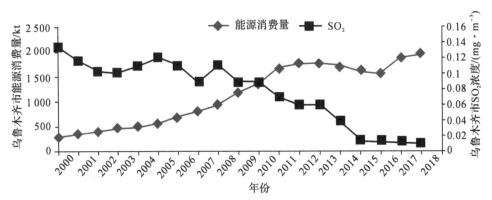

图 5-6 乌鲁木齐市 SO$_2$ 浓度与能源消费量变化情况(2000—2018 年)

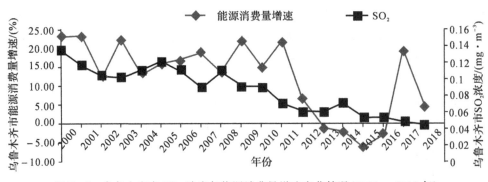

图 5-7 乌鲁木齐市 SO$_2$ 浓度与能源消费量增速变化情况(2000—2018 年)

(1)能源消费与 PM$_{10}$。通过对能源消费量与 PM$_{10}$ 之间的关系比较可看出,随着能源消费量的逐年增加,乌鲁木齐市自 2004 年第一期"蓝天工程"项目结束以后,PM$_{10}$ 的年均浓度变化波动不大,总体呈缓慢下降趋势。这与乌鲁木齐市政府采取的"拆并小锅炉""集中供热""建筑节能""热电联产"等一系列措施有关,这些有效措施对减少 PM$_{10}$ 的污染起到了积极的作用。乌鲁木齐市于 2002 年 5 月制定了《乌鲁木齐城市绿化管理条例》,加强了乌鲁木齐市的绿化保护力度。2010—2018 年对城市巷道进行改造,对裸露地面进行了硬化,同时对各个街道进行了全面的绿化,这在一定程度上改善了城市环境,大大降低了扬尘的二次污染。乌鲁木齐市政府每年投入大量的资金进行荒山绿化,全市人民积极参加义务植树,绿化周边荒山,在很大程度上减少了沙尘天气,使 PM_{10} 污染呈下降趋势。

(2)能源消费与 SO_2。SO_2 排放量增加的最核心原因是能源消耗大幅度增多,因此,SO_2 和能源消费量之间存在紧密的联系。从图 5-6 和图 5-7 可以看出,SO_2 和能源消费量的增长比例在不同的年度呈现不同的波动态势,但是总的趋势是下降的。2000—2011 年能源消费量和 SO_2 排放量的波动幅度不大,且呈现呈负增长态势。随着"煤改气"工程的全面实施,自 2012 年起,能源消费量增速明显下降,但 SO_2 排放量却并未随能源消费增速同比例下降,且在 2013 年后有小幅度提升。结合能源消费总量分析,自 2012 年后的"煤改气"工程使得空气污染状况比前期有所好转,SO_2 排放量明显下降。

(3)能源消费与 NO_2。与 PM_{10} 和 SO_2 的趋势相比,NO_2 近 18 年来的排放量基本维持在同一水平,尽管在 2012 年"煤改气"工程全面实施后,也未见明显变化。在 2005 年前,因为国家实施了节能减排的的措施,且绿色、低碳、循环、环保的经济发展理念在我国广泛传播,所以乌鲁木齐市的许多粗放型企业转变了发展方式,提高了生产技术水平和能源的利用率,减少了污染等。因此,虽然燃煤的数量还在增加,但是能源与经济增加的关系已得到了优化,有效改善了空气污染状况,提高了空气水平。各大气污染物都表现出减少的趋势,这一阶段的 NO_2 是有所下降的,但是 2015 年以后,NO_2 的变化趋势越来越小了。笔者认为,前期 NO_2 有所减少,主要是因为减少了小锅炉带来的污染,可是把小锅炉并入大锅炉只能在短时期内取得成效,一旦大锅炉也形成一定规模,且治理污染的设施和技术还是原来的水平,污染物是得不到有效治理的,污染情况无法得到进一步改善,出现了"瓶颈"。2015 年以后,由于技术进步,排污水平得到了有效提升,污染物排放量呈现稳定下降趋势。进一步来说,如果不能更好地优化能源结构,提高能源的利用效率,减少污染物的排放,空气质量有可能会再次变坏。

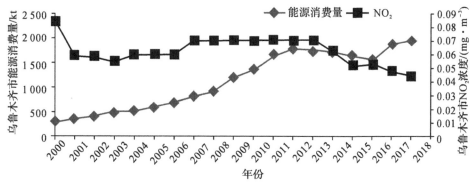

图 5-8　乌鲁木齐市 NO_2 浓度与能源消费量变化情况(2000—2018 年)

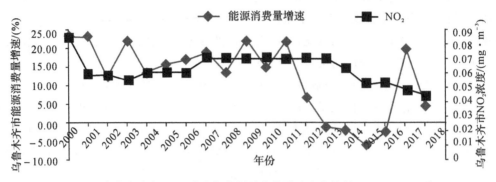

图 5 - 9　乌鲁木齐市 NO_2 浓度与能源消费量增速变化情况(2000 — 2018 年)

5.3.3　污染物排放与人群健康状况

之前的研究已经证实了在污染物排放与人群健康状况的关系中,大气污染与居民死亡有着较为密切的联系。近些年来,越来越多的人开始研究大气污染与心血管和呼吸系统疾病之间的关系。在流行病学方面,人们发现大气污染会导致人群血液黏稠度上升,也会使人出现如心率增加、心率变异性降低、心肌缺血增加等相关问题。在一定程度上,这些发现证明了大气污染会影响心血管系统的正常工作。而对抗氧化功能有问题的呼吸系统病人来说,大气污染会造成病人肺部发生炎症,进一步损害机体的抗氧化功能;除此之外,呼吸系统病人比常人更容易吸收大气污染物,因此,也可以理解呼吸系统病人在大气污染方面的敏感性。图 5 - 10 和图 5 - 11 分别为乌鲁木齐市 2014 — 2019 年不同大气污染物排放与心血管疾病死亡率和呼吸系统疾病死亡率之间的关系,由图中可以看出乌鲁木齐市居民心血管疾病死亡率与 PM_{10} 相关性更强,而呼吸系统疾病死亡率与 SO_2 的相关性更为明显。

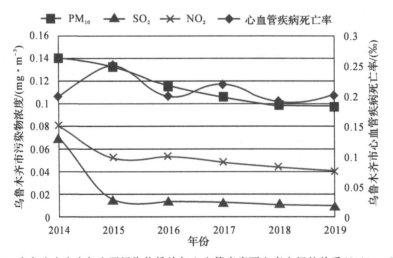

图 5 - 10　乌鲁木齐市大气主要污染物排放与心血管疾病死亡率之间的关系(2014 — 2019 年)

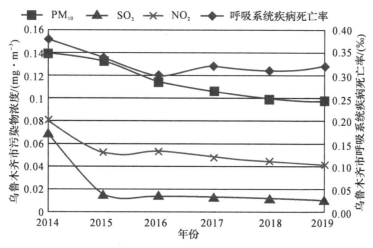

图 5-11 乌鲁木齐市大气主要污染物排放与呼吸系统疾病死亡率之间的关系(2014—2019 年)

5.3.4 不同情景下大气污染物排放量及污染暴露水平预测

从大气污染物的排放量预测方面进行分析,乌鲁木齐市 3 种情景下 SO_2、PM_{10}、NO_2 3 种主要大气污染物的排放量整体呈逐步降低状态,情景 3 模式下的污染物排放量最低,且已经明显遏制住了污染物排放量大幅增长的趋势;从大气污染物浓度预测方面进行分析,不同情景下污染物浓度的排放量增长趋势差别很大,情景 3 模式下 2025—2030 年的污染物浓度已经实现了负增长;从不同污染物的排放量和浓度进行分析,不论是在哪种情景模式下,PM_{10} 的排放量都是最大的,其次是 SO_2,最后是 NO_2,排放浓度最大的也是 PM_{10},其次是 NO_2,最后是 SO_2。具体结果见表 5-4 和图 5-12。

表 5-4 乌鲁木齐市不同情景下大气污染物排放量级浓度预测

大气污染物	情 景	大气污染物排放量/10^4 t			大气污染物浓度/$(\mu g \cdot m^{-3})$		
		2020 年	2025 年	2030 年	2020 年	2025 年	2030 年
SO_2	情景 1	1.76	2.15	2.99	16.19	19.78	27.50
	情景 2	1.03	0.94	0.88	9.47	8.65	8.09
	情景 3	0.91	1.88	1.44	8.37	17.29	13.24
PM_{10}	情景 1	2.92	4.87	6.69	179.05	298.62	361.53
	情景 2	2.2	3.85	4.66	134.90	236.08	142.86
	情景 3	2.11	2.02	1.87	129.38	123.86	117.20
NO_2	情景 1	2.66	2.94	3.15	163.11	180.28	228.97
	情景 2	1.02	0.99	0.83	62.54	60.71	47.63
	情景 3	0.84	0.77	0.62	51.51	47.22	35.70

注:乌鲁木齐市主城区面积取值为 2018 年度市区建成面积。

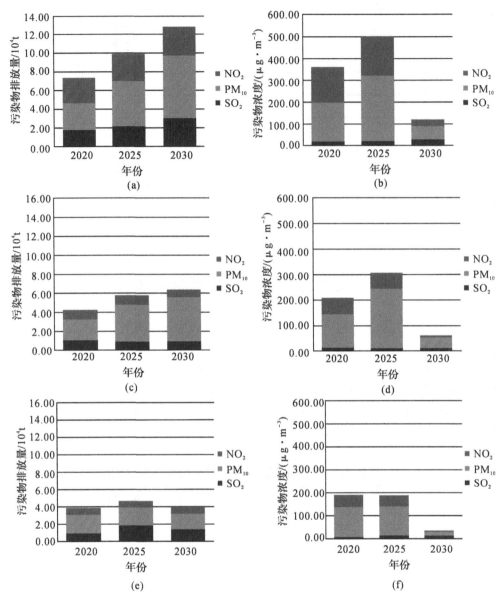

图 5-12　乌鲁木齐市 3 种情景模拟大气污染物排放量级浓度值

(a)S1 情景下污染物排放量;(b)S1 情景下污染物浓度;(c)S2 情景下污染物排放量;
(d)S2 情景下污染物浓度;(e)S3 情景下污染物排放量;(f)S3 情景下污染物浓度

结果显示,至 2030 年,乌鲁木齐市环境空气中 SO_2、PM_{10}、NO_2 三种主要大气污染物在情景 1 下的排放量分别达到 $2.99×10^4$ t、$6.69×10^4$ t 和 $3.15×10^4$ t,浓度分别达到 27.50 $\mu g/m^3$、361.53 $\mu g/m^3$、228.97 $\mu g/m^3$;在情景 2 下的排放量分别达到 $0.88×10^4$ t、$4.66×10^4$ t、$0.83×10^4$ t,浓度分别达到 8.09 $\mu g/m^3$、142.86 $\mu g/m^3$、47.63 $\mu g/m^3$;在情景 3 下的排放量分别达到 $1.44×10^4$ t、$1.87×10^4$ t、$0.62×10^4$ t,浓度分别达到 13.24 $\mu g/m^3$、117.20 $\mu g/m^3$、35.70 $\mu g/m^3$。

5.4　不同情景下产生的健康风险

5.4.1　不同情景下心血管疾病死亡风险

下面对乌鲁木齐市不同情景下因大气污染物过度排放所致心血管疾病死亡风险进行预测,结果见表 5 − 5。

表 5 − 5　乌鲁木齐市 3 个情景的暴露水平下空气污染导致的心血管疾病死亡水平

大气污染物	情　景	2025 年		2030 年	
		死亡人数/人	95％CI/人	死亡人数/人	95％CI/人
SO_2	情景 1	1 359	984～1 656	1 881	944～2 321
	情景 2	133	88～215	195	135～296
	情景 3	—	—	—	—
PM_{10}	情景 1	5 589	3 115～7 548	8 259	7 325～10 357
	情景 2	2 251	1 458～3 215	5 879	3 251～8 854
	情景 3	2 014	1 504～4 015	3 589	1 548～5 246
NO_2	情景 1	3 458	1 518～5 548	4 189	2 458～6 894
	情景 2	2 568	1 558～3 514	3 594	1 568～5 418
	情景 3	1 015	451～1 548	1 356	1 125～1 468

结果显示,在情景 2 下,至 2025 年,因 SO_2 的过量排放而导致的心血管疾病死亡为 133 例(95％CI:88～215),相比情景 1 减少死亡 1 226 例;与 PM_{10} 有关的心血管疾病死亡为 2 251 例(95％CI:1 458～3 215),相比情景 1 减少死亡 3 338 例;与 NO_2 有关的心血管疾病死亡为 2 568 例(95％CI:1 558～3 514),相比情景 1 减少死亡 890 例。至 2030 年,在情景 2 下,因 SO_2 的过量排放而导致的心血管疾病死亡为 195 例(95％CI:135～296),相比情景 1 减少死亡 1 686 例;与 PM_{10} 有关的心血管疾病死亡为 5 879 例(95％CI:3 251～8 854),相比情景 1 减少死亡 2 380 例;与 NO_2 有关的心血管疾病死亡为 3 594 例(95％CI:1 568～5 418),相比情景 1 减少死亡 595 例。

在情景 3 下,至 2025 年已基本可以避免因 SO_2 的过量排放而导致的心血管疾病死亡,与 PM_{10} 有关的心血管疾病死亡为 2 014 例(95％CI:1 504～4 015),相比情景 1 减少死亡 3 575 例;与 NO_2 有关的心血管疾病死亡为 1 015 例(95％CI:451～1 548),相比情景 1 减少死亡 2 443 例。至 2030 年与 PM_{10} 有关的心血管疾病死亡为 3 589 例(95％CI:1 548～5 246),相比情景 1 减少死亡 4 670 例;与 NO_2 有关的心血管疾病死亡为 1 356 例(95％CI:1 125～1 468),相比情景 1 减少死亡 2 833 例。

5.4.2　不同情景下呼吸系统疾病死亡风险

下面对乌鲁木齐市不同情景下因大气污染物过度排放所致呼吸系统疾病死亡风险进行预测,结果见表 5-6。

表 5-6　乌鲁木齐市 3 个情景的暴露水平下空气污染导致的呼吸系统疾病死亡水平

大气污染物	情　景	2025 年		2030 年	
		死亡人数/人	95％CI/人	死亡人数/人	95％CI/人
SO₂	情景 1	1 548	554～1 894	2 014	1 458～3 589
	情景 2	1 245	754～1 645	1 624	1 455～1 988
	情景 3	1 015	612～1 496	914	425～1 894
PM₁₀	情景 1	5 849	4 125～8 265	7 487	5 742～9 854
	情景 2	4 156	3 458～6 578	4 985	3 489～6 578
	情景 3	2 251	1 554～3 859	1 502	985～2 587
NO₂	情景 1	6 518	4 258～8 859	8 478	7 845～9 426
	情景 2	5 879	4 755～7 589	6 458	4 769～8 532
	情景 3	4 489	2 458～6 852	4 387	2 547～6 842

结果显示,在情景 2 下,至 2025 年,因 SO_2 的过量排放而导致的呼吸系统疾病死亡为 1 245 例(95％CI:754～1 645),相比情景 1 减少死亡 303 例;与 PM_{10} 有关的呼吸系统疾病死亡为 4 156 例(95％CI:3 458～6 578),相比情景 1 减少死亡 1 693 例;与 NO_2 有关的呼吸系统疾病死亡为 5 879 例(95％CI:4 755～7 589),相比情景 1 减少死亡 639 例。至 2030 年,因 SO_2 的过量排放而导致的呼吸系统疾病死亡为 1 624 例(95％CI:1 455～1 988),相比情景 1 减少死亡 390 例;与 PM_{10} 有关的呼吸系统疾病死亡为 4 985 例(95％CI:3 489～6 578),相比情景 1 减少死亡 2 502 例;与 NO_2 有关的呼吸系统疾病死亡为 6 458 例(95％CI:4 769～8 532),相比情景 1 减少死亡 2 020 例。

在情景 3 下,至 2025 年,因 SO_2 的过量排放而导致的呼吸系统疾病死亡为 1 015 例(95％CI:612～1 496),相比情景 1 减少死亡 533 例;与 PM_{10} 有关的呼吸系统疾病死亡为 2 251 例(95％CI:1 554～3 859),相比情景 1 减少死亡 3 598 例;与 NO_2 有关的呼吸系统疾病死亡为 4 489 例(95％CI:2 458～6 852),相比情景 1 减少死亡 2 029 例。至 2030 年,因 SO_2 的过量排放而导致的呼吸系统疾病死亡为 914 例(95％CI:425～1 894),相比情景 1 减少死亡 1 100 例;与 PM_{10} 有关的呼吸系统疾病死亡为 1 502 例(95％CI:985～2 587),相比情景 1 减少死亡 5 985 例;与 NO_2 有关的呼吸系统疾病死亡为 4 387 例(95％CI:2 547～6 842),相比情景 1 减少死亡 4 091 例。

5.5　不同情景下产生的健康经济损失测算

5.5.1　不同情景下心血管疾病死亡风险

下面利用修正的人力资本法对乌鲁木齐市不同情景下因大气污染物过度排放所致心血管疾病死亡损失进行预测,结果见表 5-7。

表 5-7　乌鲁木齐市 3 个情景的暴露水平下空气污染导致的心血管疾病死亡损失

（单位:万元）

污染物	不同情景	2025 年	2030 年
SO_2	情景 1	8 312	9 892
	情景 2	3 124	2 945
	情景 3	—	—
PM_{10}	情景 1	80 124	98 265
	情景 2	64 858	51 481
	情景 3	33 596	20 149
NO_2	情景 1	5 489	6 483
	情景 2	3 301	2 248
	情景 3	1 590	952

结果显示,在情景 2 下,至 2025 年,因 SO_2 的过量排放而导致的心血管疾病死亡损失为 3 124 万元,相比情景 1 减少损失 5 188 万元;与 PM_{10} 有关的心血管疾病死亡损失为 64 858 万元,相比情景 1 减少损失 15 266 万元;与 NO_2 有关的心血管疾病死亡损失为 3 301 万元,相比情景 1 减少损失 2 188 万元。至 2030 年,因 SO_2 的过量排放而导致的心血管疾病死亡损失为 2 945 万元,相比情景 1 减少损失 6 947 万元;与 PM_{10} 有关的心血管疾病死亡损失为 51 481 万元,相比情景 1 减少损失 46 784 万元;与 NO_2 有关的心血管疾病死亡损失为 2 248 万元,相比情景 1 减少损失 4 235 万元。

在情景 3 下,至 2025 年已基本可以避免因 SO_2 的过量排放而导致的心血管疾病死亡损失;与 PM_{10} 有关的心血管疾病死亡损失为 33 596 万元,相比情景 1 减少损失 46 528 万元;与 NO_2 有关的心血管疾病死亡损失为 1 590 万元,相比情景 1 减少损失 3 899 万元。至 2030 年,与 PM_{10} 有关的心血管疾病死亡损失为 20 149 万元,相比情景 1 减少损失 78 116 万元;与 NO_2 有关的心血管疾病死亡损失为 952 万元,相比情景 1 减少损失 5 531 万元。

5.5.2 不同情景下呼吸系统疾病死亡风险

下面利用修正的人力资本法对乌鲁木齐市不同情景下因大气污染物过度排放所致呼吸系统疾病死亡损失进行预测,结果见表5-8。

表5-8 乌鲁木齐市3个情景的暴露水平下空气污染导致的呼吸系统疾病死亡损失

(单位:万元)

污染物	不同情景	2025年	2030年
SO_2	情景1	4 158	6 689
	情景2	3 154	2 869
	情景3	1 058	862
PM_{10}	情景1	68 912	84 963
	情景2	48 956	39 482
	情景3	26 895	19 516
NO_2	情景1	2 896	4 882
	情景2	1 589	2 561
	情景3	956	498

结果显示,在情景2下,至2025年,因SO_2的过量排放而导致的呼吸系统疾病死亡损失为3 154万元,相比情景1减少损失1 004万元;与PM_{10}有关的呼吸系统疾病死亡损失为48 956万元,相比情景1减少损失19 956万元;与NO_2有关的呼吸系统疾病死亡损失为1 589万元,相比情景1减少损失1 307万元。至2030年,因SO_2的过量排放而导致的呼吸系统疾病死亡损失为2 869万元,相比情景1减少损失3 820万元;与PM_{10}有关的呼吸系统疾病死亡损失为39 482万元,相比情景1减少损失45 481万元;与NO_2有关的呼吸系统疾病死亡损失为2 561万元,相比情景1减少损失2 321万元。

在情景3下,至2025年,因SO_2的过量排放而导致的呼吸系统疾病死亡损失为1 058万元,相比情景1减少损失3 100万元;与PM_{10}有关的呼吸系统疾病死亡损失为26 895万元,相比情景1减少损失42 017万元;与NO_2有关的呼吸系统疾病死亡损失为956万元,相比情景1减少损失1 940万元。至2030年,因SO_2的过量排放而导致的呼吸系统疾病死亡损失为862万元,相比情景1减少损失5 827万元;与PM_{10}有关的呼吸系统疾病死亡损失为19 516万元,相比情景1减少损失65 447万元;与NO_2有关的呼吸系统疾病死亡损失为498万元,相比情景1减少损失4 384万元。

5.6　本 章 小 结

综上所述,乌鲁木齐市应尽快控制能源资源总量的使用,同时还要进一步加强环保要求的标准,提高环保要求,从而促使整个能源消费结构进一步优化,与此同时还要不断加大新能源的使用比例,以新能源来代替旧能源,还应着重从以下几方面优化产业结构从而改善整个环境空气质量,保证其市民的健康水平。

(1)大力发展高新技术产业。加快实现电子信息产业化,推进能源、钢铁、纺织等行业信息化、智能化建设。特别是推进"天山云"这一国家重要基础信息战略备份基地、西部重要信息储备基地、亚欧信息大通道枢纽和区域数据中心建设,着力发展云储存、云服务、云终端等云计算产业。依托现有产业基础,推动新能源、新材料、生物医疗、节能环保等新兴产业发展,积极培育新兴产业链下游产品的开发与加工。

(2)推动制造业低碳化改造。乌鲁木齐市钢铁、石化等行业一直是推动首府经济发展的关键行业,因此应在保证钢铁工业产值稳定增长的基础上,提升技术创新能力,延长产业链,重点发展附加值高、市场竞争力强的产品,为首府经济增长做好引擎,同时减少温室气体排放和其他污染物排放,减少环境污染。对于新型技术密集、资金密集的现代化石油化工行业,应加快产业转型升级,采用清洁高效的转化技术,淘汰落后产能,形成有特色的化工产业体系,进一步增强乌鲁木齐市石化行业在经济中的支柱地位。

(3)提升服务业低碳化水平。加快提升服务业低碳化水平,优化发展金融保险业,建成新疆乃至中亚金融中心,吸引银行、保险、证券、基金等金融要素集聚。充分发挥乌鲁木齐市场营商环境的优势,加快总部经济发展,积极引进国内外知名企业的管理中心、研发中心、采购中心、会展中心等地区性总部落户,同时培育本土总部企业。加速咨询、策划、设计等服务性行业发展,促进会展业发展,提高城市美誉度。创新传统服务业,突出地域特色,满足多层次消费需求。

第6章 大气污染健康损害补偿机制的构建与应用

6.1 国内外大气污染生态补偿研究概况

6.1.1 不同国家大气污染生态补偿措施

1. 美国《清洁空气法》

美国联邦政府与各州治理空气污染之路至今已走过了半个多世纪。随着《清洁空气法》的多次修订与完善,确立了一系列行之有效的原则,包括国家空气质量标准原则(National Ambient Air Quality Standards Principle)、州政府独立实施原则(State Implementation Principle)、新源控制原则(New Source Review Principle)、视觉可视性原则(Visibility Protection Principle)。《清洁空气法》也确立了一系列行之有效的污染损害救济措施,例如,《清洁空气法》对于州内企业的违法行为基本上不直接罚款,如果州没有按照《清洁空气法》要求执行自身的行政义务,联邦可以撤销对州的高速公路补助,这对于州来说是一大笔损失,可以说是比较严厉的惩罚措施。根据《清洁空气法》,美国环境保护总署有权对污染企业处以最高 200 000 美元的罚款,对较轻微的污染行为可以做出 5 000 美元的罚款,另外美国环境保护总署也有权向污染企业发出为期一年的守法令。对于公民来讲,可以上诉到法院要求法院签发禁令,但法院会衡量企业创造的价值与公民遭受的损害程度,如果企业的经济价值大于公民受到的损害,那么一般不会签发禁令。1970 年的《清洁空气法》将原告的范围规定为公民、地方政府或者非政府组织,这是关于公民诉讼的规定,也就是说,任何人,包括与诉讼标的没有直接利害关系的人都可以对环境违法行为提起诉讼。当然,公民除了可以起诉污染实体或者责任人外,也可以起诉不作为的环境保护总署或者州的机构,但只能要求他们执行行政义务,不能向他们要求损害赔偿。针对空气污染的跨界问题,《清洁空气法》规定了善邻条款(The Good Neighbor Provision),善邻条款要求各州禁止州内排放源大量排放任何污染物,因为这样会显著影响地处下风处的州。在善邻条款的解释上,美国环境保护总署采用了跨州空气污染规则(Cross-State Air Pollution Rule),也叫传输规则(Transport Rule),该规则要求处于上风处的州对被污染的处于下风处的州负有责任,并应当采取减排措施。在 Chevron U.S.A.

Inc. v. NRDC13 一案中,法院承认了环境保护总署的这种解释方法。

2. 瑞士《空气污染管制条例》

《空气污染管制条例》(*Ordinanceon Air Pollution Control*)对空气污染的源头即"排放源"进行了详细列举阐述,既包括现存排放源,也包括新建排放源,不仅指固定排放源,也包括交通车辆、飞机、轮船等移动排放源。不同排放源有不同的排放限制要求,排放限制要求是《瑞士清洁空气法案》对排放源规定的排放标准,是衡量各排放源是否合规的指标。《空气污染管制条例》还规定了有关固定排放源的管理措施,包括排放申报、排放测量与排放评估,规定了当局对排放源的排放进行管理、监测的若干具体操作步骤,该条例的附件三详细地规定了不同燃烧设施的排放限制要求以及检测标准,该条例规定的监控措施为空气污染损害评估的顺利进行提供了比较可观的统计数据。《空气污染管制条例》中的"排放申报"是指建造或者打算建造排放设施的单位,应向当局进行申报并提供如下信息:①排放的类型和水平;②排放的地点、高度和时间过程;③排放评估所需的其他排放条件。其中,排放的类型是指排放的污染物的类别,排放水平是指排污浓度、速度等,排放的高度是指烟囱等排放设施的高度,时间过程是指排放污染物的起止时间和持续时间。

《空气污染管制条例》中规定的"排放测量"是指当局对污染源排放的污染物按照排放限制要求进行的监控与测量。测量的开始时间为:第一轮测量与检测应自新建或翻新设施试运转之后的三个月内,因情况发生迟延的,不得迟于该时间之后的 12 个月内。该测量不是一次性的,而是一项周期性的工作。具体来说,对于燃烧设施,测量与检查通常每两年重复一次,对于其他设施每三年重复一次。依照《空气污染管制条例》,待检查设施的所有者应设置适当的、符合当局发布指令的测量站;测量值、使用的测量方法、进行测量时设施内的操作环境,应该被记录在测量报告中;测量站内应设置污染物排放自动监控仪器。

《空气污染管制条例》的特色在于其正文只有 43 条,大约只占全文的 1/4,正文后的附件内容占了 3/4 之多,附件的规定与正文相比更具有技术性特色,附件对 5 大类共 171 种空气污染物的排放标准以及鉴定评估方法进行了详尽的规定,并规定了鉴定评估的主体,即联邦环境办公厅(The Federal Office for the Environment),因此形成了比较系统可行的大气污染损害的鉴定评估体系,这些规定使《空气污染管制条例》更像是技术规范而不是法律规范。

3. 美国《综合环境反应、赔偿和责任法》

《综合环境反应、赔偿和责任法》(*Comprehensive Environmental Response, Compensation, and Liability Act*)因其中的环保超级基金而闻名,又名超级基金法,该法案的第 9671～9675 部分规定了环境责任保险的内容。第 9671 部分规定了环境责任保险的定义,包括保险、污染责任、风险自留集团的含义;第 9672 部分规定了环境责任保险的覆盖范围;第 9673 部分规定了风险自留集团的资格;第 9674 部分规定了关于被保险人的相关事项,第 9675 部分对风险自留集团的投资行为进行了限制。

《综合环境反应、赔偿和责任法》中规定了环境责任保险的覆盖范围原则(Comprehensive General Liability),意为全面赔偿责任。全面赔偿责任的范围包括环境污染所造成的损害赔偿费用和清理污染物的费用。全面赔偿责任最初出现于 19 世纪 40 年代,在《综合环境反应、赔偿和责任法》出台前的听证会上,关于该政策有过这样的表述:"对那些被保险人负有法律义务的损害赔偿,保险公司应该全额赔偿,因为任何造成财产损失的事件,从被保险人的立场来说,都不是预期的或者故意的。"该政策同时做出了除外条款,排除了"由污染物排放、分散、释放或者逃逸所造成的财产损害,除非污染物的排放、分散、释放或者逃逸是突发的或者意外的"。《综合环境反应、赔偿和责任法》将环境责任保险赔偿的范围限制于"突发的或者意外的事件造成的损害",这一做法在实践中反复被证明是正确的,值得我们借鉴。

6.1.2 我国对大气污染生态补偿的相关举措

目前,环境污染损害赔偿在国际上主要有三种立法模式。其一是专门立法的模式。瑞典的《环境保护法》规定了行政责任与刑事责任,《环境损害赔偿法》集中规定了民事责任,是这种立法模式的代表。其二是混合立法模式,以日本为代表。在混合立法模式的国家,环境损害赔偿规则体现在不同的法律中,既有环境法、民法、诉讼法来规定环境污染损害赔偿问题,也有专门的法律来规定对环境损害纠纷的处理问题。其三是单一立法模式,以法国为代表。在单一立法模式下,与环境损害赔偿有关的法律被纳入民法或者诉讼法中,环境侵权责任通过民法或者诉讼法中的相关规定解决。

我国的《中华人民共和国民法通则》最早对环境污染的民事责任进行了规定,随后,我国的《中华人民共和国环境保护法》《中华人民共和国大气污染防治法》《中华人民共和国水污染防治法》《中华人民共和国固体废物污染环境防治法》《中华人民共和国侵权责任法》等从各个角度对环境污染损害赔偿做出了规定。然而,以上法律规范对大气污染损害赔偿的规定比较抽象,且有些内容相互重合,没有可以称作体系的规定,特别是疏忽了对重大环境污染损害的规定。没有体系化的规定便容易造成同一事件多套标准,增加了法院处理环境损害案件的难度。

6.1.3 从健康损害视角探寻大气污染损害补偿机制的必要性与可行性

由于大气污染的成因和扩散路径非常复杂,所以大气污染治理是一个复杂的系统工程。从时间上看,大气环境的恶化是日积月累形成的;从空间上看,大气污染具有"叠加效应",是大环境、小环境和周边环境共同作用的结果。鉴于此,对大气污染的治理,仅靠一地一时的努力,是无法达到预期效果的,而是需要举全国之力,区域间协同合作,责任共担、利益共享。大气的公共物品属性使得长期以来对大气污染的治理主要由中央和各级地方政府负责,治理资金以中央和各级地方政府的财政转移支付为主要来源。但随着我国大气污染的范围扩大、强度增加、难度增大以及治理要求的不断提高,大气污染治理工作的复杂程度越来越高,资金和技术的需求缺口也逐渐扩大,仅仅依靠政府治理、财政出资,已经不能满足我国大气污染治理的要求。鉴于此,建立市场化、多元化的大气污染治理生态补偿机制,是当前我国开展大气污染治理工作的重要任务。建立大气污染生态补偿机制,不仅能够充分调动各利益相关主体参与大气污染治理的积极性,为我国大气污染治理提供持续的资金和技术支持,而且可以有效协调各方利益,营造公平、公正的治理环境,提高大气污染治理的效率,为打赢"蓝天保卫战"提供坚实的基础。

　　我国在生态补偿领域有丰富的理论和实践经验,取得了丰硕的成果,但这些理论研究和实践经验主要集中在流域、森林、土地等传统领域,针对大气污染治理的生态补偿经验相对匮乏。自 2014 年起,我国陆续在山东、河南、湖北、安徽、河北等地开展了大气污染治理生态补偿的试点实践工作,也获得了一些理论和实践经验,但尚未形成统一的大气污染治理生态补偿机制和生态补偿标准。

　　由于大气污染的特殊性,相对于传统领域(流域、森林、土地等)而言,建立大气污染生态补偿机制更加具有挑战性。首先,大气污染物成因复杂、来源广泛,从"谁污染谁负责"的角度来看,责任人难以准确界定,可谓"人人有责",难以均衡补偿责任。其次,大气污染的保护主体广泛,各类社会经济活动参与的主体都可以成为大气污染的保护对象。从"谁保护谁受偿"的角度来看,受益人难以准确区别,可谓"人人受益",难以起到激励作用。此外,相比森林、水域、湿地等生态环境系统,大气环境的自净能力较强,受风向、降雨等自然因素影响较大,在区域间的污染传导具有不确定性,这加大了建立大气污染治理生态补偿机制的难度。

6.2　大气污染健康经济损失补偿机制基本要素构建

6.2.1　大气污染健康经济损失补偿主体

　　本书认为,大气污染生态补偿的主体确立应与各个城市所处的工业化发展阶段相协调。处于工业化发展初期和中期阶段的城市,由于在经济结构、产业结构和能源结构上存在局限性,承接了大部分的高耗能、高污染产业,往往是大气污染的重灾区,这些城市也成为大气污染治理的关注重点。虽然从大气污染治理角度来看,对处于工业化初期和中期阶段的城市进行严格的大气污染治理,淘汰落后的生产设备,提高能源利用效率,促进产业结构优化升级,有利于快速高效地解决大气污染问题,符合大气污染治理的整体目标,但从社会经济发展的实际出发,处于工业化发展初期和中期阶段的城市,其经济结构、产业结构和社会发展受到资源禀赋、地理位置、历史因素等制约。因此,在大气污染生态补偿的过程中,应引导处于工业化发展后期阶段的城市,在转移高耗能、高污染产业的同时,承担起"补偿主体"的责任,为处于工业化发展初期和中期阶段的城市提供资金和技术支持,协助这类城市在减排治污的技术上实现突破,提高能效,循序渐进地完成产业结构优化升级,实现高质量发展。对处于工业化发展初期和中期阶段的城市而言,作为大气污染生态补偿的"受偿主体",需要合理利用补偿资金完成对高耗能、高污染产业的升级改造,接受社会各方对大气污染治理工作的监督,实现大气污染治理目标和产业结构的合理优化。

6.2.2　大气污染健康经济损失补偿客体

　　由于污染者付费原则(PPP)在实践过程中表现出很多缺陷(如在责任追究、污染与损害的因果关系鉴定方面存在困难等),人们开始寻求更好的保护环境替代原则。受益者付费原则

(BPP)应运而生。

Baatz(2014)通过例子给出了一个 BPP 的形式化定义:如果代理人 A 实施了一项危害代理人 C 的有害行为 X,当代理人 B 因为 X 行为获益且 C 遭受的伤害无法追究 A 的责任(如 A 死亡或者没有赔偿能力),那么代理人 B 将承担赔偿代理人 C 的义务。由此可见,BPP 的最初含义中侧重强调代理人的社会责任。一般而言,BPP 是指凡是环境服务或自然资源开发利用的受益者(不局限于开发者或污染者),都应当就环境服务的提供或自然资源价值的减少支付应有的补偿费用。

PPP 和最初的 BPP 都是事后责任原则,是针对已经对环境造成污染、损害或受益的主体,与"先污染后治理"的经济发展模式一致。但现实是这种发展模式对社会和公众的危害是极其严重的,且经过事后补救的环境往往也很难恢复到原来状态,因此这种模式已不再适应社会发展的趋势。随着社会和科技的不断发展进步,BPP 的内涵也发生了变化,逐渐由惩治负外部性(环境破坏)转向激励正外部性(生态保护),即享受生态保护成果的受益者需要支付费用。因此,现在 BPP 的含义是指因环境质量改善而获益的受益方应该支付环境质量改善的成本的原则。

在国外,生态补偿(PES)就是基于 BPP 的。因此可以说国外的生态补偿实践和研究主要就是关于生态环境的保护补偿。但在我国,由于环境恶化问题严重,我国的生态补偿一般涉及污染赔偿(基于 PPP)和保护补偿(基于 BPP)两方面。基于 PPP,资源的使用者(污染者)应该承担经济的负外部性。从表面上看,PES(基于 BPP)和 PPP 存在矛盾,但在某些情况下,BPP 优于 PPP,尤其是 PES 作为农村地区环境保护的一种手段,当资源使用者(污染者)的收入非常有限、很少或没有其他经济选择时,也就是说,当考虑到污染者的偿付能力不足和减轻贫困的平行目的时,PES(基于 BPP)会优于 PPP。

BPP 常被应用于气候变化领域。Barry 和 Kirby(2015)认为,"受益人付费"一词是为解决气候变化成本问题而创造的责任原则,得到致力于研究气候问题的道德理论家们的广泛肯定和呼吁。Heyward 指出,尽管自 1750 年以来,所有国家都从向大气中排放温室气体的工农业活动中受益,但是 BPP 认为发达国家应该承担更重的气候责任,因为这些国家的高速发展及相应的高收入和财富积累大部分都可以直接追溯到过去乃至现在的导致气候变化的活动。尽管相当一部分理论学家都认可这一想法,但是它很少被《联合国气候变化框架公约》(UNFCCC)的谈判者作为气候责任分担的原则,而且在 UNFCCC 中也没有明确提及。

BPP 在气候变化领域的应用在一些 PES 项目中已有所体现。Goodwin,Smith(2003)和 Claassen,Cattaneo 等人(2008)指出,美国耕地保护性储备计划(CRP)虽然是农用耕地生态补偿保护项目,但最终实现了保护空气、水、土壤和野生动物的综合目的;Blunder,Alban(2008),Pagiola(2008)和 Munoz-Pina,Guevara 等人(2008)的研究表明,厄瓜多尔的 PROFAFOR 项目、哥斯达黎加森林环境服务支付项目(PSA)和墨西哥水环境服务支付项目(PSAH)都有效促进了温室气体减排。

6.2.3 大气污染健康经济损失补偿对象

损害赔偿是对受害人已经发生损害的填补,用于弥补受害人因侵权人侵害受到的损失。

在所有的救济方式中,损害赔偿运用的最多。损害赔偿包括人身损害赔偿、财产损害赔偿和精神损害赔偿。

(1)人身损害赔偿是指受害人的生命健康和身体机能受到损害,引起急性病或慢性病,甚至死亡。受害人有权要求侵害人进行损失赔偿,包括医疗费、残疾补助费和丧葬费等费用。

(2)财产损害赔偿是指受害人的现实财产受到不法侵害,受害人可以要求侵权人赔偿受损财产损失的救济方式。

(3)精神损害赔偿是指受害人的人身权、人格权或有特定象征意义的财产受到损害,受害人的精神因此遭受痛苦,可以要求侵权人赔偿损失。

点源污染的损害赔偿救济方式可以增加环境侵权人的违法成本,避免环境再次受到侵害,保护社会公民的环境权益,增强公民的环境保护意识,建设好的生态环境,构建和谐社会。目前在理论和实践中区域大气污染的救济方式和点源污染的救济方式是一样的。

6.2.4　大气污染健康经济损失补偿范围

按照大气污染损害的对象来划分,赔偿范围包括人身损害、财产损害、精神损害、生态环境损害;按照大气污染造成的损害的显隐性来分,包括即期损害与中长期损害。下面分别进行介绍。

(1)人身权、财产权、环境权是人享有的基本权利,大气污染侵犯了这些权利,按照有权利必有救济的原则,大气污染损害赔偿的范围应该包括人身损害、财产损害、精神损害与生态环境损害。对于人身损害与财产损害,同普通的侵权损害赔偿原则一样,应该基本遵循两个原则,一是全面赔偿,二是只赔偿人身损害引起的财产损失。对于生态环境损害是否属于大气污染损害赔偿的范围,美国《综合环境反应、赔偿和责任法》第 9607(a)条有如下规定:"接受或者已经接受任何污染物质的主体,将这些污染物质运输至处理、焚烧设施的过程中,如果有任何危险物质泄露,该主体应对以下事项负责:……使自然资源受到破坏、损害所产生的损失,包括评估该类破坏、损害所花费的合理费用。"说明美国将污染导致生态环境损害也算在了赔偿的范围内。虽然我国法律中没有明确规定,但在《突发环境事件应急处置阶段环境损害评估推荐方法》中有所提及,里面规定了确认生态损害的条件、生态功能丧失程度的判断方法、生态环境损害量化计算方法,该规定不仅确定了生态损害赔偿的合理性,而且对具体操作标准做出了初步的规定。可见,在我国生态环境损害也已经被承认。

(2)大气污染具有潜伏期长、间接损害性与持续性等特征,除了对受害人造成即时的人身、财产等损害之外,还会对受害人造成中长期的后续损害。对于即期损害,《最高人民法院关于审理人身损害赔偿案件适用法律若干问题的解释》中给予了比较明确的规定,但对于中长期损害,往往要根据专业的科学技术来进行论证,因此法律中并没有系统的规定。但是在《突发环境事件应急处置阶段环境损害评估推荐方法》中提到了中长期损害,该办法将中长期损害分为人身中长期损害、财产中长期损害以及生态环境中长期损害。

6.3 大气污染健康经济损失补偿机制动力机制与障碍因素

6.3.1 大气污染健康经济损失补偿机制外部驱动机制

环境资源是典型的公共产品,因此,环境资源具有非竞争性和非排他性。由于外部不经济的存在,私人边际成本不同于社会边际成本,从而不能实现环境资源的有效配置。如图 6-1 所示,假定私人边际收益和社会边际收益之间没有任何不同之处,均为 MR。企业在生产经营过程中会产生工业废气,排放到大气中会给附近地区造成大气污染。大气污染会影响周边居民的身体健康,导致居民的呼吸系统发病率增加。但在这个过程当中,排污企业只承担包括工人工资、原材料费用、加工费用等在内的私人边际成本 MC。由于存在外部不经济,企业向大气中排放污染物造成大气污染的成本 MC_1 却由社会承担,因此社会边际成本 $MC_S = MC + MC_1$。企业在做最优产量决策时,只会考虑私人边际成本,由 $MC = MR$ 可知,企业的最优产量(污染水平)为 Q_1。但是从社会角度看,社会边际成本 MC_S 与社会边际收益 MR 所决定的最优产量(污染水平)为 Q_2。从图 6-1 中可以明显看出,Q_2 小于 Q_1。因此,由于外部不经济的存在,对个人而言的最优产量大于对社会而言的最优产量,环境资源配置失灵,进而产生大气污染问题。

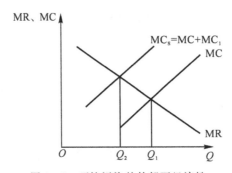

图 6-1 环境污染的外部不经济性

6.3.2 大气污染健康经济损失补偿机制内部驱动机制

我国 2015 年《中华人民共和国环境保护法》的立法目的并未体现生态损害及其赔偿的理念,该法也并未规定对生态环境这一公共利益的保护,其所保护的范围仍局限于人身和财产利益。有的环境保护单行法几乎与《中华人民共和国环境保护法》的规定一致,如 2015 年修订的《中华人民共和国大气污染防治法》第六十二条第一款规定,造成大气污染危害的单位,应当对因此遭受损失的单位或个人承担赔偿责任。可惜的是,该赔偿对象仅包括直接受到损害的主体,对于间接受害人所遭受的损失并没有涉及。目前只有《中华人民共和国海洋环境保护法》对生态环境损害救济做出明确规定。该法第四章至第八章专门规定了防止各类行为对海洋环境造成的污染损害,值得一提的是,该法并非是对人身损害和财产损害的救济,而是侧重于对海洋生态环境本身遭受的损害的救济。但《中华人民共和国海洋环境保护法》也只是对海洋生态环境这一特殊领域的损害救济做出了规定,并不涉及对生态环境损害赔偿的总体规定。为解决司法实践问题,最高人民法院明确规定将生态环境损害案件纳入环境资源案件的受案范围,但并未明确规定生态环境损害的具体内涵。因此,在我国现行的环境立法中,缺少对生态环境损害的明确立法界定,也没有对生态环境损害救济的全面规定。对于企业或个人采取的罚款、行政拘留等行政手段,仅仅是一种行政处罚,并不能视为对受损生态环境的赔偿与救济。2013 年党的十八届三中全会明确提出,对生态环境损害严格实行赔偿制度。2014 年修订的《中华人民共和国环境保护法》也将"损害担责"确定为我国环境保护的基本原则。在此背景下,中共中央办公厅、国务院办公厅于 2015 年发布"试点方案",在吉林、山东等七省市进行生态环境损害赔偿制度的试点。在总结试点经验的基础上,又于 2017 年 12 月发布"改革方案",决定自 2018 年 1 月 1 日起,在全国范围内推行生态环境损害赔偿制度。

可见,我国生态环境损害偿制度仍处于建设期。随着环境立法的逐步完善和国家环境保护政策的陆续出台,我国环境保护事业也将开启新篇章,生态环境损害赔偿制度的相关问题一定会在今后的几年内有所突破。

6.3.3　大气污染健康经济损失补偿机制障碍因素

1. 赔偿权利人的范围受限

在普通侵权行为规则中,损害赔偿法律关系的主体是赔偿权利人,即能对损害请求赔偿并获得赔偿的人。但是,在生态环境损害赔偿中,该损害本质上是对环境利益的损害,其具有公共利益的性质,故没有具体的受害人,因而赔偿请求权的主体也与传统侵权责任的请求权主体有所不同。因此,生态环境损害赔偿请求权的主体虽然能代表社会公众利益向责任人请求赔偿,但其不能获得赔偿金的使用和管理权。

相较于 2015 年的"试点方案",2017 年的"改革方案"将赔偿权利人的范围从省级政府扩大到省级、市(地)级政府,但是对于个人、企业、社会团体组织能否作为赔偿权利人而言,此次"改革方案"中并没有赋予其权利人的地位,只表示对公民、法人和其他组织举报要求提起生态环境损害赔偿的,赔偿权利人应当及时研究处理和答复。

学界对于生态环境损害赔偿的索赔权的理论基础问题有不同的看法,主要有以下两种理论:①环境权理论。该理论以保护公民环境权利为目的,赋予国家保护环境的义务,因而在生态环境遭受损害时,国家具有索赔主体的资格。但是,以该理论为基础时,国家并非唯一的索赔主体,检察机关、社会团体和公民个人作为公共环境利益的维护者、代表者和享有者也应具有索赔资格。②自然资源国家所有权理论。依据该理论,将自然资源视为财产,国家视为物权法上享有所有权的主体,因特定自然资源为国家所有,故国家对此享有占有、使用、收益和处分的权能。然而,在依据自然资源国家所有权理论进行索赔时,需注意自然资源并不等同于环境,也不等同于生态服务功能,即此时的索赔范围不仅包括自然资源的经济价值损害,还包括环境及其生态服务功能的损害。这种解释是否合理、是否可行,仍需在生态环境损害赔偿实践中检验。

2. 磋商规则的适用难题

试点方案健全了磋商机制,规定了"磋商前置"程序,对经磋商程序达成的赔偿协议,可以向人民法院申请司法确认,赋予赔偿协议强制执行的效力。由于磋商程序尚不成熟,在实际运用过程中,还存在以下许多难题等待解答。

(1)磋商法律性质之认定难。对于磋商法律性质的认定,目前存在两种争议:①具有私法的性质。双方当事人意思自治是私法领域的突出特征,在磋商程序中,行政主体作为民事主体,与责任人进行磋商,体现的是平等的民事法律关系。双方的自由协商方式,使得行政机关在此关系中不再是行政主体。②具有行政法公权力的内涵。行政部门拥有保护生态环境的职责,《中华人民共和国民事诉讼法》也明确了有关机关提起环境民事公益诉讼的资格。试点方案中明确提出,赔偿权利人可以依据生态环境损害鉴定评估报告,与赔偿义务人就损害事实、损害修复、赔偿责任等问题进行磋商,由此可以理解为由赔偿权利人开启磋商程序,由行政机关与赔偿义务人进行协商,蕴含国家公权力的背景。

(2)磋商公正性之保证难。由于目前"试点方案"中规定的磋商程序的主体仅为赔偿权利人与赔偿义务人,故对于磋商的公正性如何保证,是否会出现损害公共利益的情况,是不得不关注的一个问题。此外,由于生态环境损害赔偿制度的公益性,所以在磋商的过程中是否可以引入中立第三方,如邀请公众、权威专家、律师等参与磋商,以期对相关的专业技术提供指导与咨询帮助,确保磋商程序顺利进行仍是一个问题。

(3)磋商司法确认之审查难。磋商达成的赔偿协议可以向人民法院申请司法确认,也是本次"试点方案"的一个亮点。最高人民法院规定,司法确认申请应当自受理之日起十五日内做出是否确认的决定,因特殊情况可以延长十日。依据该规定,司法确认的审查期限最长不超过25日。但是,在司法实践中则出现了与之不同的期限。例如江苏省规定,司法确认案件应在立案之日起3日内审结,特殊情况可以适当延长。而黑龙江省则规定,应当在立案之日起30日内审结,特殊情况下可以延长。由此可见,我国司法确认审查期限在各地的司法实践中存在着不一致的现象。

法院受理司法确认申请后,需要对其进行审查,这表明司法审查是司法确认程序必不可少的环节。同时也给司法实践带来了疑问:该审查的标准如何认定?采用形式审查还是实质审查?通常情况下,法院仅审查该协议是否是双方当事人真实意思的表达,协议内容是否存在不予确认的情形,故其审查标准可概括为"形式真实、内容合法"。然而,在对生态环境损害赔偿协议进行司法审查时,不能简单地因其形式真实、内容合法便予以确认,因为该协议的目的并非定纷止争,而是修复生态环境、保障公众环境利益。

3. 与其他制度的衔接不顺

(1)与行政救济制度衔接不顺。作为环境损害的受害人,在其环境权益受到侵害时,首选就是找有关环保部门解决。由于生态环境局的行政调解处理缺乏法律强制力,所以生态环境局在调解时可能会使当事人对行政调解的认可度较低。在行政救济道路走不通的情况下,多数环境受害人会无奈选择私力救济维护环境权益。诸如采用切断侵害人电源、水源,堵住侵害人排污设施以及向媒体反映和网络曝光等方法。之所以采取这些过激的方法,是因为很多当事人都认为,闹得越凶,问题就越好得到解决。在成熟的法治社会中,争端的解决应当是一套法定化、程式化的流程和机制。在侵权事件发生后,法律应当为当事人提供合理的预期并指引他们具体操作,而不是依靠"闹大闹凶"等非理性的途径。

(2)与环境公益损害救济制度衔接不顺。构建环境公益损害救济制度,不仅在立法上应当考虑被害人是否能因其损害获得救济,还应实际考虑被害人是否能因法律上之救济而获得损害填补。国外对环境治理已有多年经验,也有专门的环境救济辅助机制,例如环境补偿基金制度、强制性的财务保证金等。然而我国并没有这些环境救济辅助制度,因而在责任人破产或者无力赔偿时,许多受害者长期得不到实质救济补偿,造成社会的不稳定。

(3)与环境公益诉讼制度衔接不顺。生态环境损害的救济,在诉讼制度方面也有一定的局限性。除了生态环境损害赔偿诉讼之外,还存在由社会团体或人民检察院提起的环境公益诉讼,这两类诉讼之间的关系如何,需要进一步研究。同时,两者在诉讼性质、诉讼程序、索赔主体等方面也有所差异,需要在司法实践中做好衔接工作。

6.4　大气污染健康损害补偿机制构建

6.4.1　大气污染健康损害补偿基本目标定位

赔偿目标的问题是构建生态环境损害赔偿制度首先需要解决的,这其中赔偿权利人的确定又是该问题所面临的法律困境的关键。在一般的侵权行为中,损害赔偿法律关系的主体是索赔主体,是可以对其遭受的损害提出请求并能够获得赔偿的人。然而,由于生态环境损害没有具体明确的受害人,故其赔偿请求权的主体也与普通侵权的请求权主体有所不同。生态环境的损害,本质上是一种对公共环境利益的损害,因此,即使赔偿请求权的主体能向具体责任人请求损害赔偿,该主体也不能实际使用和管理赔偿金。

1. 扩大生态环境损害赔偿权利主体之范围

2017 年出台的"改革方案"对"试点方案"的一大补充亮点,就是将赔偿权利人的范围从省级政府扩大为省级、市(地)级政府。由于生态环境损害赔偿的案件大都涉及范围较广、具体案情也比较复杂,往往需要专业的技术人员进行评估,且评估的费用较高,所以,人力物力齐备、信息资源丰富、技术力量雄厚的省级政府作为索赔主体是合理的。实践中的环境损害赔偿案件大都发生在市(地)级,在面对环境污染问题上,市(地)级政府具有一定的经验基础,可以在生态环境损害赔偿制度的改革中产生推进力,故将赔偿权利人的范围由省级政府扩大至市(地)级政府可以提高生态环境损害赔偿工作的效率。

省级、市（地）级政府作为赔偿权利主体进行索赔工作，是必须且有能力、有义务而为之的，除此之外是否还可以有其他主体作为帮手来索赔呢？例如生态环境部以及生态环境厅，作为专门研究生态环境的部门，在环境监测、损害鉴定、污染防治等方面都有着得天独厚的优势，对生态环境的恢复费用进行评估，进而在索赔时可以提出辅助性的意见。

2. 赋予检察机关生态环境损害公益诉讼之权利

除了环境保护监督管理行政机关能代表公共环境利益外，检察机关也应包含在内。然而，我国对于检察机关能否作为赔偿请求权的主体颇有争议。检察院作为监督部门，其行为如何监督，谁来监督，都是为保障制度的公正性而不得不考虑的问题。党的十八届四中全会提出，探索建立由检察机关提起公益诉讼的制度。此外，《检察机关提起公益诉讼试点方案》《全国人民代表大会常务委员会关于授权最高人民检察院在部分地区开展公益诉讼试点工作的决定》等相关文件的出台，使得在2017年修改《中华人民共和国民事诉讼法》时，正式将检察机关提起公益诉讼写入法律。

赋予检察机关以生态环境损害赔偿请求权是十分必要的。首先，从本质属性上来说，其目的就在于维护国家和社会公共利益，故其也应是环境公共利益的代表，可以作为索赔主体。其次，检察机关内部拥有专业的法律人才，外部拥有国家的财政支持，在维护公共环境利益方面有着双重保障。最后，检察机关作为国家的监督机关，其对国家工作人员、社会组织和公民个人的行为合法性进行监督，因此，检察机关对生态环境损害提起环境公益诉讼就是在履行其法律监督的职责。

3. 授予环保公益组织生态环境损害赔偿之请求权

在国外，环保公益组织也可以作为赔偿请求权的主体。首先，环保公益组织并非是国家组织成立的，而是由民间自发成立的社会团体，故其独立于政府，且具有公益性，因而其态度中立，可以做到对责任人与受害者不偏不倚；其次，环保公益组织也不乏社会各界人士的资金支持，能够负担一定的诉讼成本。如若我国赋予环保公益组织以一定的赔偿请求权，则不仅能推动环境管理工作的进一步展开，还能为政府减轻负担，同时发挥对政府环境管理工作的监督作用。基于此，最新修订的《中华人民共和国环境保护法》规定，具备一定条件的社会组织能够提起环境公益诉讼。随着我国环保公益组织日渐成熟，应当适当降低门槛，使得更多的环保公益组织能够参与到生态环境损害索赔的诉讼程序中来。

4. 规定公民个人生态环境公益诉讼之主体资格

《中华人民共和国民事诉讼法》并未赋予公民个人提起环境公益诉讼的资格，这是因为立法机关一方面考虑到按照我国目前法治建设的状况，若将公民作为环境公益诉讼的主体，其诉讼效果可能不佳，甚至还会产生滥诉的结果，浪费司法资源；另一方面从实践状况来看，某些公民并非为了环境公共利益提起环境公益诉讼，而是炒作成分较多，这种行为不仅对环境无益，还会损害司法秩序，影响社会安定。

但是对于公民个人而言，他们既是环境利益的直接受益人，也是环境利益的直接受害人，因此在自身权利受到侵害时，他们有权去请求生态环境损害赔偿。同时，由于环境诉讼的特殊性，需要一定的财力支撑以及相关技术知识的支持，对于公民个人来说，提起诉讼存在极大的挑战，这实际上也使得公民个人在诉讼时更为理性。当然，不可否认的是，国内也确实存在滥诉、故意炒作、浪费司法资源的公民，但这并不能代表大多数人的行为。或许可以对公民个人提起环境损害赔偿诉讼的程序做出适当的限制,例如提前 30 天告知相关行政机关或者赔偿责任人,给予他们一定期限采取有效措施,在他们不作为时,公民个人可以自己的名义提起诉讼。这样不仅可以使环境问题得到及时发现,还能防止公民个人滥诉的情况出现。

6.4.2　大气污染健康损害补偿实现路径框架

1. 促进生态补偿与社会经济协同发展

从本质上来看,大气污染治理和社会经济发展并不是矛盾的对立面,两者在社会主义生态文明建设的框架下,能够实现内在统一和协同发展。我国生态文明建设的目标要求各地区不能因为追求经济的增长而使社会经济活动超出环境承载力,但同时各地方政府也不能对过低的社会经济发展水平无动于衷。中央和各地方政府应该根据各城市的社会经济发展历史事实和客观规律,积极探索污染治理和经济增长的双赢策略。大气污染治理相关政策的制定,不仅需要考虑技术上的可行性,也要重视经济层面的可行性与实施和监管中的可行性,从社会经济发展的视角进行分析,协助寻找到低成本的控污策略。

在大气污染治理的过程中,各地方政府为了降低大气污染物排放量,容易在缺乏客观理性分析的情况下,采取跟风式的产业结构升级行动,"一刀切"式地淘汰本地区重工业产业,并且向其他相对落后地区转移高耗能、高污染产业。为了避免上述情况的发生,需要采取有针对性的大气污染治理对策。对各地方政府而言,大气污染治理与经济增长的矛盾在于对工业生产活动的监督和管理,在于是否综合采取了"环境友好"和"可持续发展"的生产方式。工业生产活动是造成大气污染的主要原因,对大气污染开展的各项治理措施,势必会直接影响各城市工业生产的布局。然而纵观我国社会经济发展的历史,由于在资源禀赋、地理位置、基础建设等方面发展的不均衡,各个城市的工业化发展路径需要遵循历史事实和客观规律。因此,对大气污染的治理,特别是对大气污染治理生态补偿机制的探索,应在科学合理的城市工业化发展路径下开展。大气污染治理生态补偿与城市工业化进程的协同发展路径,才是实现大气污染治理和经济增长的双赢路径。

从各城市的工业化发展的历史事实和客观规律来看,我国部分城市(如山西、陕西等地的某些城市)由于在资源禀赋、地理位置、基础建设等方面有较大的优势,更适宜作为我国重要的能源和重工业基地,发展能源主导型和重工业主导型产业。此类城市在为其他城市提供能源和重工业产业相关的产品和服务的同时,承担了更多大气污染的代价。因此,需要得到来自服务对象城市的大气污染治理生态补偿支持,以促进相关企业的技术进步,降低工业废气排放,改善本地区的大气环境。相应地,以高新技术和服务业为主导的发达城市,在经历了多轮产业结构优化升级后,将本地区大部分的高耗能、高污染产业转移到其他地区。此类城市在集中资金和技术优势发展经济的同时,也是各类能源资源产品和服务的消费大户,对由于工业生产活动造成的大气污染应承担更多的治理责任,需要向相关产品和服务的提供者以及承接本地区高耗能、高污染产业的城市提供大气污染治理生态补偿援助。

落实到大气污染治理生态补偿机制的建立,本书认为大气污染治理生态补偿的补偿主体和受偿主体的确立,应该与各个城市所处的工业化发展阶段相协调。在实行大气污染生态补偿的过程中,积极引导处于工业化发展后期阶段的城市,在转移高耗能、高污染产业的同时,承担起"补偿主体"的责任,为处于工业化发展初期和中期阶段的城市提供资金和技术上的支持,协助这类城市在减排治污的技术上实现突破、提高能效,循序渐进地完成产业结构优化升级和实现高质量的工业化发展。对处于工业化发展初期和中期阶段的城市而言,作为大气污染生态补偿的"受偿主体",需要合理利用补偿资金完成对高耗能、高污染产业的升级改造,接受社会各方对大气污染治理工作的监督,实现大气污染治理目标和产业结构合理优化,促进生态补偿与社会经济协同发展。

2. 拓展市场化、多元化的补偿途径

(1)建立和完善排污权交易市场。排污权交易制度是西方国家实现节能减排的成熟、有效机制,发达国家已经建立起多层次的排污权交易市场。排污权交易可通过市场机制充分调动地方政府、企业等相关参与主体的积极性,让大气污染治理由政府主导向企业主动参与转型。在建立和完善排污权交易市场的过程中,需要统筹兼顾全国统一性和地方特殊性问题。为了提高排污权交易市场的制度化、规范化和规模化,要对排污权交易市场进行统一的监督和管理,制定可统一量化的交易指标体系,规范排污权交易市场的交易准则。

(2)引导社会资本参与大气污染治理生态补偿。虽然财政、税收、价格、贸易等途径都能促进生态补偿的实现,但是引入社会资金和公众参与的市场化、多元化生态补偿机制更具有可持续性。社会资本给予大气污染治理的支持形式较多且更灵活,发展绿色金融体系,动员和激励大量社会资金投入大气污染治理中,有利于推动我国投资结构和经济结构的绿色转型。

由于环境治理的需求不断加大,所以仅仅依靠政府的财政支持难以满足全面开展各项治理工作的资金需求。从国际经验来看,政府与企业合作开展的 PPP(Public - Private Partnership)模式具有较广阔的开发前景。在我国经济进入新常态的背景下,绿色产业需要积极探索模式创新,通过金融创新寻求充足的资金支持,积极引导社会资本参与绿色 PPP 项目,充分发挥 PPP 模式中政府与市场的优势互补作用。此外,针对绿色 PPP 项目普遍存在的资金需求大、投资周期长等特征,中央和地方政府需积极探索建立绿色 PPP 项目引导基金,切实降低项目参与各方的投资风险,提高社会资本的参与积极性。

(3)厘清不同投资主体责任。拓展市场化、多元化的补偿途径,需要进一步厘清不同投资主体在大气污染生态补偿中的责任。根据经济学原理,环境污染是"市场失灵"的表现,要消除这种外部不经济性,需要政府、企业和社会共同努力,其中一个重要的前提就是要明确政府和市场的责任边界。首先,通过对政府职能和责任的界定,可以及时、有效地为需要获得政府直接投资的项目注入财政资金,确保大气污染发生时与生态补偿相关的政策和措施有效开展。其次,通过对政府职责的明确界定,可以向市场释放清晰的信号,引导市场及时关注和投资大气污染治理领域,在需要市场机制充分发挥作用的相关领域,鼓励私人部门和社会资本积极参与。通过政府和市场的有机配合,最终形成政府从宏观上把握大气污染治理生态补偿的发展方向,提供完善的规划指导和公共基础设施建设,鼓励社会资本积极参与,充分发挥市场作用的市场化、多元化发展模式。

3. 健全大气污染治理的投融资机制

大气污染治理是一项长期、复杂并且艰巨的任务,需要国家和地方持续投入大量的人力、物力和财力。大气污染治理生态补偿机制能够在短期内化解经济发展与大气污染治理共赢的难题,协调各大气污染治理参与主体之间的利益关系,是实现大气污染治理目标的重要途径。但是,如果生态补偿的资金来源主要依赖政府的财政转移支付以及国际组织或非政府环保组织的贷款和捐助,生态补偿在大气污染治理中的有效性就会由于补偿资金不足而大打折扣。习近平同志在十九大报告中提出"要建立市场化、多元化生态补偿机制"。落实到大气污染治理生态补偿领域,为了解决"资金来源"单一、资金支持不足等问题,需要建立健全大气污染治理生态补偿的投融资机制。

4. 完善大气污染治理生态补偿制度体系

相对于生态补偿的传统领域如流域、土壤、森林等,大气污染治理生态补偿对区域间的协同合作要求更高,是生态补偿的难点领域,相关理论研究和实践经验均较少。尽管目前我国部分省市已开展了对大气污染治理生态补偿的初步探索,但从整体来看,大气污染治理生态补偿涉及面广、利益关系复杂,机制的建立健全还受多方面因素影响,稳定长效的生态补偿制度体系尚未形成。当前我国大气污染治理生态补偿在法律法规、技术体系、长效机制、效益评估机制等方面都存在较大欠缺,亟需完善大气污染治理生态补偿的各项制度体系。

6.4.3　大气污染健康损害补偿运作机制及补偿方式

建立市场化、多元化生态补偿机制是习近平同志在十九大报告中对生态补偿工作提出的要求,也是实现生态补偿机制可持续发展的内在要求。落实到大气污染治理的生态补偿机制,由于我国大气污染成因复杂,影响范围广,治理难度大,区域间协作要求高,仅依靠中央政府和地方政府的政府监管和财政补贴,难以为大气污染治理生态补偿提供有效的监督管理和持续的资金支持。为了进一步建立健全我国大气污染治理生态补偿机制,需要拓展市场化、多元化的补偿途径,通过市场手段将大气污染的外部性成本内部化,积极引导企业及社会公众参与到大气污染治理生态补偿行动中。

1. 建立和完善排污权交易市场

排污权交易制度是西方国家实现节能减排的成熟、有效机制,发达国家已经建立起多层次的排污交易市场,例如欧盟的碳排放交易体系、英国的可再生能源配额交易制度等。排污权交易可通过市场机制充分调动地方政府、企业等相关参与主体的积极性,让大气污染治理由政府主导转向企业主动参与。对于大力发展清洁生产、减少污染物排放的企业来说,通过排污权交易获得的收益能够为企业带来额外的资金收益,提高企业的内部收益率。根据统计,截至2019 年,我国已经在近 30 个省(自治区、直辖市)开展了排污权交易试点工作,大部分地区以二氧化硫和氮氧化物为主要交易因子,进一步可以研究将粉尘和 VOCs 也纳入排污权交易体系之中。

在建立和完善排污权交易市场的过程中,需要统筹兼顾全国统一性和地方特殊性问题。为了提高排污权交易市场的制度化、规范化和规模化,要对排污权交易市场进行统一的监督和管理,制定可统一量化的交易指标体系,规范排污权交易市场的交易准则。但是,由于各地区、各行业之间大气污染治理的边际成本差异显著,在对特定地区、特定行业的排污权交易制定相关政策时,也需要充分考虑各地区和行业的客观因素,应通过充分的调查和估算,使排污权交易有更强的本地适应性。在排污权交易市场统一性和特殊性的要求下,可以参考浙江省创建的以排污权交易价格、交易量、交易活跃度为核心的"浙江省排污权交易指数"体系,在全国范围内制定统一的排污权交易指数,用于在全国排污权交易市场的统一度量。比如,由中央政府及相关部门根据城市工业化发展程度的不同,探究处于同一工业化发展阶段中的城市间的相似性规律,分别制定符合各个工业化发展阶段特征的排污权交易指数体系。而对于影响排污权交易指数的具体指标,则由各地方政府通过对本地区经济水平、产业结构、环境质量等因素的综合评估,出台具体的核算标准。这样既能够充分考虑城市在各个工业化发展阶段中的普遍规律,又能兼顾地方社会经济发展的特殊需求,建立和完善我国排污权交易市场。

2. 引导社会资本参与大气污染治理生态补偿

虽然财政、税收、价格、贸易等途径都能促进生态补偿的实现,但是引入社会资金和公众参与的市场化、多元化生态补偿机制更具有可持续性。社会资本给予大气污染治理的支持形式较多且更灵活,发展绿色金融体系,动员和激励大量社会资金投入大气污染治理中,能有效地推动投资结构和经济结构向绿色转型。

由于环境治理的需求不断加大,所以仅仅依靠政府的财政支持难以满足全面开展各项治理工作的资金需求。从国际经验来看,政府与企业合作开展的 PPP 模式具有较广阔的开发前景。在我国经济进入经济发展新常态的背景下,绿色产业需要积极探索模式创新,通过金融创新寻求充足的资金支持,积极引导社会资本参与绿色 PPP 项目,充分发挥 PPP 模式中政府与市场的优势互补作用。此外,针对绿色 PPP 项目普遍存在的资金需求大、投资周期长等特征,中央和地方政府需积极探索建立绿色 PPP 项目引导基金,切实降低项目参与各方的投资风险,提高社会资本的参与积极性。

3. 厘清不同投资主体责任

拓展市场化、多元化的补偿途径,要求进一步厘清不同投资主体在大气污染生态补偿中的责任。根据经济学原理,环境污染是"市场失灵"的表现,要消除这种外部不经济性,需要政府、企业和社会共同努力。因此,需要通过明确界定政府和市场的责任边界,发挥政府和市场的双重作用。明确政府的职能和责任,对于需要政府指导和直接投资的领域,应及时投入大量财政资金,保证大气污染治理生态补偿政策和措施顺利实施;而对于需要政府引导、市场机制充分发挥作用的领域,则应在政府的引导下,鼓励私人部门和社会资本积极参与。最终形成政府从宏观上把握大气污染治理生态补偿的发展方向,提供完善的规划指导和公共基础设施建设,鼓励社会资本参与其中,发挥市场机制作用的市场化、多元化发展模式。

目前我国大气污染治理生态补偿的试点工作,主要以由省级政府向地方政府下达治理任务,考核治理效果,发放补偿资金的方式开展,这种以政府为主导的补偿模式,短期来看有一定成效,但却不利于大气污染治理生态补偿的长期可持续发展。企业和社会公众因大气污染治理责任不明确,难以积极有效地参与到治理工作中。在市场化、多元化大气污染治理生态补偿机制的建立过程中,应逐步明确中央和地方各级政府在大气污染治理中的引导作用,通过政府制定相关政策和法律法规,向市场释放绿色生产和绿色消费的信号,引导企业和社会公众参与大气污染治理的相关投资和生产活动;同时,发挥财政资金"四两拨千斤"的撬动作用,更多地运用市场化的办法,推动国家绿色发展基金尽早注册挂牌,撬动更多社会资本进入促进大气污染治理领域。

6.4.4 大气污染健康损害补偿标准

相对于生态补偿的传统领域(流域、土壤、森林等)而言,大气污染治理生态补偿对区域间的协同合作要求更高,是生态补偿的难点领域,相关理论研究和实践经验均较少。尽管目前我国部分省市已开展了对大气污染治理生态补偿的初步探索,但从整体来看,大气污染治理生态补偿涉及面广、利益关系复杂,机制的建立健全还受多方面因素影响,稳定长效的生态补偿制度体系尚未形成。当前我国大气污染治理生态补偿在法律法规、技术体系、长效机制、效益评估机制等方面都存在较大欠缺,亟需完善大气污染治理、生态补偿的各项制度体系。

(1)需要各部门落实责任,完善制度。各部门在制定大气污染治理生态补偿的相关政策时,需要从实际需求出发,制定切实可行的治理目标,设计公平合理的补偿方案,统筹各相关部门做好前期规划,落实各利益相关主体的权利和责任,把大气污染治理生态补偿作为推进生态文明建设的工作重点,扎实推进。

(2)需要各级政府夯实基础,加快立法。积极开展形式多样的地方试点工作,不断总结成功经验和失败教训,不断建立健全生态补偿工作机制。加快大气污染治理生态补偿的立法进程,对生态补偿涉及的各项工作做出详细规定,探索生态补偿的成功模式和长效机制,为各地开展大气污染治理生态补偿工作提供参考模板。

(3)需要政策制定者立足国情,探索前行。纵观我国社会经济发展的历史,由于在资源享赋、地理位置、基础建设等方面发展的不均衡,我国各城市的工业化发展路径需要遵循历史事实和客观规律。因此,大气污染治理的补偿机制的探索,应在科学、合理的城市工业化发展路径下开展。大气污染治理生态补偿与城市工业化进程的协同发展路径,是实现大气污染治理和经济增长的双赢路径。

(4)需要实现生态共建,利益共享。各级地方政府需要充分总结大气污染治理生态补偿的试点经验,以共同体理念不断打造大气污染治理生态补偿的升级版。遵循生态共建、利益共享的原则,推动大气生态补偿逐步从地区走向全国,形成统筹保护、全国共享、高质量发展的大补偿格局。以大气污染治理生态补偿资金池的形式,建立全国大气污染治理共同体;面向产业、技术、人才等开展多元化、市场化生态补偿,建立大气环境高质量绿色发展共同体,推进形成全国有效的利益补偿机制。

6.5　大气污染健康损害补偿支撑体系

6.5.1　法理学上的支撑体系——法律责任

法律责任是法理学的一个基本问题,也是一个重要的法学概念。法律责任是与法律义务相关联的,行为人在法律上要对其行为负责,或者对此承担法律责任,也就是说,在行为人做出相反行为时,应受到制裁。法律要求人们在追求自己利益的同时,应当尊重他人利益,同时也应维护社会利益、国家利益和集体利益。法律责任的目的是确保法律权利、义务和自由能够生效,在它们受到阻碍,以至于法律所保护的利益受到侵害时,通过适当的救济,使侵权人有责任消除侵权行为,并将未来发生侵害的可能性降到最低。

法律责任通过惩罚、救济与预防这三种功能来保障法律责任目的的实现。惩罚功能是法律责任的首要功能,其目的在于惩罚违法者,维护社会安全和秩序。救济功能就是在法律关系主体受到损失时给予救济,赔偿或者补偿其受到损失的利益。预防功能就是通过使违法者承担法律责任,在达到教育违法者目的的同时,预防其他社会成员的违法犯罪行为。此外,法律责任可依据不同的标准进行划分,如根据引起责任的行为性质,可将法律责任划分为刑事责任、民事责任、行政责任等。

在构建以生态环境损害赔偿为基础的环境责任体系、环境管理体系上,合法、合理地追究民事、刑事以及经济赔偿责任,并健全生态环境损害赔偿制度,可以使污染者负担的原则得以落实,从而有效地解决生态环境损害赔偿问题,分解环境责任,有效应对环境挑战。

就目前而言,我国处理环境损害行为主要依赖于经济处罚手段,且处罚的数额往往与造成的实际环境损害的数额有所差距。在生态环境损害赔偿制度尚未健全的情况下,发生环境损害后,造成污染的企业只对具体受害人遭受的损害进行赔偿,很少涉及公共环境损害的赔偿,因此赔偿的数额并没有反映出实际的损害数额。如果确立惩罚性赔偿原则,赔偿的金额将远远超过污染者造成的实际环境损害责任,其数额足以震撼污染者,从而迫使其创造的经济效益低于实际污染损害的企业退出市场。同时,健全环境损害赔偿制度,有助于促进企业增强环境保护意识,使得环境保护工作不过分依赖行政手段,也是加强企业社会责任的重要举措。

6.5.2 民法学上的支撑体系——绿色原则

2017年10月1日施行的《中华人民共和国民法总则》中提到,民事主体在从事民事活动时,应当节约资源,保护生态环境,绿色原则由此确立。《中华人民共和国民法总则》确立的绿色原则扩张了保护生态环境的意旨,从侵权法域扩张至整个民法体系,在原则上确立创制并将直接影响民法典的物权编等分编制度的立法创制与适用价值。

绿色原则的成文和制定,有着长期、深刻的社会背景。我国人均资源比例不高,生态资源结构失衡,生态功能较弱,林地、湿地资源慢性流失,泥石流等生态灾害频繁,居民环保意识缺失。面对生态系统退化的严峻形势,必须将生态文明建设放在首要地位。党的十八大报告对生态文明建设进行了全面部署,强调将生态文明建设放在突出地位,作为"五位一体"建设中国特色社会主义事业总体布局的新内容。

绿色原则写入居于法律体系核心地位的民法典的总则编,实质上是回应社会现实需要,推进生态文明建设、民法典生态化的体现。民法对保障的权利主体,提出了绿色原则的要求,生态环境是经济活动的物质承载者和来源,是经济生产消费活动外部性的承担者,工业化的生产在带来大量物质财富的同时,对资源的获取给环境造成了压力,甚至付出了不可挽回的代价;对私主体而言,绿色原则要求人们有效地利用资源,节约资源。绿色原则扎根于中国实践,继承了人与自然共同发展的传统文化理念,是从法律层面对中国社会现实需求的回应和安排。在实践全面依法治国基本方略的今天,我国民法绿色原则的创制向生态文明协调发展的目标迈出了坚定的一步,也为我国生态损害赔偿制度提供了民法上的理论基础。

6.5.3 环境法学上的基础——环境公平

环境公平原则是指相关主体在使用环境资源或污染环境资源时,应平衡各种利益关系,公平分配相关利益及其责任,以保护环境资源和维持生态平衡。具体而言,该原则包括两方面的内容：①环境利益公平享有。不论是当代人还是后代人，都对开发、利用环境资源享有平等的权利。②环境责任的公平负担。国家、企业和个人之间，应对环境污染和生态破坏而产生的环境责任进行公平的分配。

为了保障环境利益的公平享有，首先应明确规定公民的环境权。每一位公民都平等地拥有良好环境的权利。其次应建立健全生态补偿制度。用该制度纠正在环境利益的享受过程中存在的诸多不公平的现象。最后应积极探索保障后代人环境权的制度。环境权不仅属于当代人，后代人也同样拥有，其权利保障需要通过当代人的行为来实现，如何通过适当的制度保障后代人的环境权，仍然是一个不确定的问题。

为实现环境责任的公平负担，我国 1979 年《中华人民共和国环境保护法（试行）》第六条规定了"谁污染，谁治理"原则，该原则旨在明确污染企业有责任对其造成的污染进行治理，然而许多学者认为"谁污染，谁治理"表述不够确切，认为其在文字结构上只明确了污染者的治理责任，但事实上这一原则还应包括对污染造成损失的赔偿责任。新修订的《环境保护法》第五条明确规定了"损害担责"的原则。这是对原先"污染者付费原则"的发展和补充，使其外延更为全面、内涵更为充实。

纵观我国环境保护立法进程，对于环境责任的公平负担始终是在借鉴国际社会普遍采用的、成熟的经验基础之上，结合本国的实际与国情，以污染者负担为基础和核心内容，渐次发展起来的。

第7章 政策建议

自环境污染问题日益受到人们关注以来,科学界开始更多地关注"环境与健康关系"相关领域的问题。经济学在环境健康问题研究中所特有的价值和意义开始为学术研究者和政策制定者所认知,更多的经济学者开始涉足环境健康研究,而医学和健康领域的研究者们也在急切期盼着经济、社会学科研究者来涉足和关注这一领域并开展更深一步的合作。与国外尤其是欧美国家的环境健康问题现况和研究现况相比,中国的环境健康形势更为严峻,研究基础更为薄弱,跨学科趋势更不明显,然而根据《全球疾病负担评估报告》(2012 年)显示,中国空气污染已经直接导致了当年 124.3 万人口的过早死亡,并间接导致了 2 000 万以上的有效健康寿命年损失,中国已经成为世界上环境污染最严重、环境疾病经济负担最高的发展中国家之一。乌鲁木齐是新疆的政治、经济、文化中心,地处亚欧大陆中段,位居准格尔盆地南缘,是连接中亚乃至欧洲地区的陆路交通核心枢纽,也是中亚地区的重要都市之一。现阶段,由于城市规模的不断扩大和能源消费的不断提升,大气污染对城市居民健康的损害效应已日益显露,制定大气污染控制策略、建立大气污染补偿机制刻不容缓。

7.1 制定大气污染控制策略

乌鲁木齐市是新疆维吾尔自治区的首府城市,下辖 7 区(天山区、新市区、沙依巴克区、水磨沟区、头屯河区、达坂城区以及米东区)、1 县(乌鲁木齐县)和 2 个国家级经济技术开发区,总面积有 12 000 km²。辖区内主要包括居民区、商业交通居民混合区、文化区和工业区等片区。一方面,乌鲁木齐城市市区整体处于工业、企业的中间低洼位置,周围大量的工业大气污染物排放严重降低了城市市区内的大气质量,进而给城市居民身体健康带来了严重影响。另一方面,2011—2020 年以来,随着城市化进程的不断加快和城市规模的持续扩大,居民聚集区范围呈现不断向外扩张的趋势,工业区、居住区和商业区越发混杂,在此态势下今后工业大气污染对城市空气质量等方面的影响将进一步继续加重。同时,随着西部经济建设步伐的加快和社会经济发展速度的更新,机动车辆的增长速度与日俱增,尤其是大排量机动车的挂牌量逐渐上涨,汽车尾气排放已成为造成现阶段大气污染的主要因素之一。如前所述,2014 年由于大气污染所致人群健康经济损失已高达 122 817 万元,且近两年呈现明显的上升趋势,其中因大气污染所造成的呼吸系统疾病和心血管疾病损失已达 16 083 万元和 18 571 万元。鉴于此,从维持城市良好生活居住空间环境和提升居民健康生活质量的角度出发,在保障城市空气质量不下降的前提下,既给城市经济建设发展预留一定空间,又必须对现有大气污染情况进行改善,及时采取相应的大气污染防治措施是当务之急。应尽快按照功能区高标准的环境质量要求,把对区域空气有危害的污染源头控制在警戒线水平内,同时通过加快能源结构调整、优化和控制高排放产业、充分利用清洁能源等手段,全面降低乌鲁木齐市的大气污染物浓度,提高乌鲁木齐市的空气质量。

7.1.1　优化能源结构、合理工业布局

现阶段,煤炭依然是乌鲁木齐市的主要工业和生活消耗能源。截至目前,原煤在全市范围内一次能源消耗的占比依然在 70% 以上,全市的人均耗煤量大约为 3.69 t,居全国城市人均耗煤量首位,与全国人均耗煤量相比,乌鲁木齐市的全市人均耗煤量是全国人均耗煤量的近 4 倍。乌鲁木齐市不仅总耗煤量大,且近年来一直呈现逐年增加的态势。事实上,煤耗对市区大气环境中 SO_2 浓度上升的贡献达 80% 以上,现阶段乌鲁木齐市的大气环境依然呈现为典型的煤烟型污染表征。能源利用的效率偏低和燃煤消费为主的城市能源构成方式是造成现阶段市区大气污染最主要的因素之一。而作为煤耗主力军的化工、火力发电、冶金和供热行业的总用煤量基本已经占到了全市煤炭总消费量的 90% 以上。长期的高能耗导致了现阶段乌鲁木齐市的高排放,然而高排放又进一步导致了现阶段的高污染。因此,必须制定科学的计划以逐步改变现阶段以燃煤为主的能源消费结构,合理开发和进一步加大对风能、太阳能等清洁能源的开发和使用,实现能源结构的优化,改善大气污染现况。乌鲁木齐市日趋严重的的大气污染状况与现阶段不合理的工业布局关系很大,事实上,乌鲁木齐市是中国西部重要的工业城市之一,工业污染源众多,并广泛分布在乌鲁木齐市周边地区。八一钢铁厂位于乌鲁木齐市以东,天山水泥厂、红雁池发电厂、新化化肥厂位于乌鲁木齐市以南,热电厂、苇湖梁发电厂位于乌鲁木齐市以北,石化分公司、新疆华泰重工、神华新疆米东热电厂位于乌鲁木齐东北。乌鲁木齐市的地势南高北低,整体处于洼地地势,各方的排污最后都集中在城市西北部形成雾霾并长时间难以消散。在下一阶段的整改方案中,应合理调整城市工业布局,选择合适的区域发展相对集中的工业区,对不适合和不符合城市功能区要求的工业或者企业应按照迁、关、停、并、转的原则进行处理,以全面达到城市功能区的规划目标。

7.1.2　利用资源优势,开展清洁能源替代工作

根据相关资料,在 1949 — 2009 年,中国的科技进步对我国经济增长的贡献率仅占 20% ～ 40%,远远低于世界发达国家 60%～90% 的水平。同样创造 1 万美元的价值,我国所付出的原料成本是美国的 6 倍、日本的 7 倍。事实证明,空气污染状况的改善不能靠临时限产几个重度污染的企业解决,必须治本。乌鲁木齐相比内地发达一线省市,在政府投入、企业实力等方面并不具有优势,但在如风能、太阳能等清洁能源的资源方面具有地域优势,因此,对于乌鲁木齐市的大气污染治理工作,在强调产业、能源结构调整的同时,大力推进清洁能源使用是重中之重。与其他初期阶段的工业型城市一样,乌鲁木齐市未来能源消费增长的主要领域将会集中在交通运输业、工业及服务行业。这些领域的能源消费量将会占城市能源消费总量的 70% 以上,因此控制和优化这 3 个部门的能源消费,将会全面降低市区大气污染物的排放水平。其中,交通部门可以通过开发利用节能型交通工具和利用地域优势,充分开展太阳能、风能等清洁能源替代工作,进一步实现各类大气污染物与温室效应气体的协同减排。同时,国家和地方

层面都要引进先进的汽车尾气排放加工技术,全面改善汽车尾气中的污染物排放量;尽量使用不含铅的汽油,进一步强化机动车辆年检和随机调查等制度,在确保车辆行驶状况良好的基础上,进一步减少车辆尾气(流动源)对环境空气质量的污染。此外,在规定时间内限制大型机动车辆在市区行驶,限制主干道车流量,限行限号等措施都应进一步强化。对重点废气排放企业,如水泥、火电等工业企业应进行彻底的整治,督促企业采用更为先进的除尘技术,降低工业企业的粉尘排放量,以实现大气污染物的排放总量达标。此外,对乌鲁木齐市区内和周边的污染型锅炉进行彻底改造,升级使用燃油或电锅炉;同时在生活污染源控制方面加大来源控制措施,制定惠民政策以鼓励市民使用清洁能源,减少生活燃煤的使用频率。最终达到减少影响空气质量的污染来源的目的。

7.1.3 建立区域能源与大气污染预警机制

现阶段的大气污染已经对居民的生存环境和身体健康造成了严重的伤害,因此,建立一套区域能源与大气环境污染的宏观预警机制迫在眉睫。应对全市污染源进行监控系统管理,综合运用卫星遥感、地理信息等技术提供监测地区的企业污染物排放、交通运输污染物排放以及居民生活消费污染物排放情况并建立数据库,根据污染物排放的历史数据做出居民健康风险的预测模型,对不同大气污染状况所可能造成的居民健康风险进行早期预警。使各级政府和环保部门可以更加有目标、有重点地解决本辖区内的突发健康风险,协同医疗部门进行早期预防、早期干预,将可能对居民造成的健康风险降至最低。

7.2 建立健康损失补偿机制

相比森林、河流等补偿领域,健康损失补偿的优势在于已经有了较为成熟、规范和基本能够在全国范围内通用的医疗保障体系作为基本的制度保障,但是经济补偿不是最终目的,通过补偿手段提升空气质量,提升政府、企业、人群的环境生态保护意识才是终极目标,因此,必须完善相应的保障机制以实现地方环境、生态可持续发展的总目标。在组织保障方面,国家和地方层面必须建立相应的管理和协调机构,为健康经济损失补偿工作的顺利开展提供组织保障。为确保补偿资金的合理、合法使用,还需要建立补偿费用的征收、使用监督机构。在法律保障方面,我国现阶段已初步建立起了生态环境保护的相关制度和条例,但相关法律保障还不够完善,对于企业排污费用的征收、污染治理、许可证的发放等有关制度尚需进一步明确。在制度保障方面,应建立一套关于企业、个人污染物排放量的公开制度,让公众实时掌握主要的污染物排放源和改进、治理效果。此外,配套的补偿信息公开制度、补偿评估制度、补偿年度实施报告制度等也应逐步建立和完善。

7.2.1 建立健康损失补偿机制的必要性

生态补偿机制的建立现阶段已在全世界范围内引起了广泛关注,尤其是在森林和河流领域已经有很多好的实例和成熟的个案供学者们参考和借鉴,但在健康损失补偿方面,无论是在理论基础、价值化研究,还是在实践研究方面,现阶段尚没有成熟的理论和实践经验作为参考。事实上,国内外大部分学者都关注到了环境污染所造成的健康经济损失领域,并从不同角度和采用不同方法对相关的经济损失进行了测算,但是从什么角度采取什么方式对利益受损方进行补偿一直是学术理论研究的盲区。造成这种状况的原因一方面是生态补偿机制本身是一个相对比较新的研究领域,很多方面的研究都处于起步和探索阶段;另一方面是医疗领域和经济领域的交叉融合性较低,尤其在国内,鲜有经济学者涉足医疗卫生领域进行跨学科研究,这在很大程度上也阻碍了环境污染的健康经济损失补偿机制的建立。事实证明,现阶段对于森林和河流领域的补偿对于促进生态服务市场化和改善环境等方面都起到了积极的作用,通过建立健康损失补偿机制也势必能够在增强人群环境生态保护意识、促进大气污染治理工作等方面起到积极的促进作用。

7.2.2 补偿主体与客体的确定

生态补偿的原则是通过对污染环境的一方进行收费,即提高该方此行为的成本,从而激励环境损害方减少环境损害行为,同时对受到损害的一方进行补偿,并最终达到损害方因其行为的外部不经济性减少、社会公平性增加以及环境得到保护的目的。要建立大气污染所致健康损失的补偿机制首先要解决"谁来补"的问题,即补偿主体的问题。

按照现阶段我国规定的"谁受益谁付费"原则,应该很容易明确在大气污染所致健康损失中补偿的主体应该是环境污染的产生者和经济效益的获得者。现阶段影响乌鲁木齐市空气质量的行业主要有建材、火电、冶金、煤矿开采等,此类企业排污量大,耗能较高,应该是补偿的主体之一。此外,乌鲁木齐市机动车保有量已从 2005 年的 15 万辆增至 2013 年的 63 万辆,且增长势头强劲,这也造成乌鲁木齐市在今后很长一段时期内的大气污染情况很难有大幅度的改观。但是大气污染的原因相对复杂,不能简单地归因于工业的发展和机动车尾气排放,事实上受益者除了企业业主以外,地方政府和国家也是经济发展的主要受益方,也应对大气污染所致的居民健康损失进行补偿。鉴于此,由于受益对象的复杂性,大气污染所致的居民健康损失补偿应由受益者代表,即政府来出面承担相应的补偿责任,通过对相关企业和个人征税以及建立相关公共基金等方式对补偿客体即健康受损的居民提供补偿。

7.2.3 补偿标准的计算

补偿标准的确定一直以来是生态补偿研究的重点和核心问题,所谓解决经济的外部性问题也就是对于负的外部影响应处以罚款,对于受损的外部影响予以补偿,从而提高整个社会的福利水平。对于补偿标准的测算,现阶段比较常用的包括市场法、机会成本法、意愿调查法、生态系统服务功能价值法等诸多方法。其中市场法是基于市场理论的方法,该方法的使用要建立在供求双方关系明确的基础上,然而大气污染的健康效应很难确定供求双方,也不可能通过双方协商来确定最终的补偿标准,因此无法用市场法测算补偿标准。机会成本法和意愿调查法均是目前被认为较为合理的确定补偿标准的方法,它们的优势在于一是可以直接补偿因大气污染导致的健康受损居民放弃的机会,二是可以直接得到补偿提供者所愿意支付补偿金额的最大值。但这两种方法都是通过经济和社会发展现况进行估计进而测算得出结果,其中机会成本法测算出的结果往往很高,因为丧失健康的机会成本是无限大的,涉及生理、心理和社会等诸多成本,而意愿调查法的计算结果往往偏低,由于利益驱动,支付意愿一般远远小于受偿意愿且很难调解并达成一致。因此,在大气污染所导致的居民健康损害补偿标准确定中,应首先考虑生态系统服务功能价值法,利用人力资本、疾病成本等方法估算出生态破坏所造成的价值损害,进而确定生态补偿的标准。本书测算的生态补偿标准为 165 716 万元,但受方法所限,本书仅能测算由于疾病发病造成的直接成本,对时间、机会等间接成本尚未涉及,因此,该额度仅能作为补偿的参考额度。后期可以利用机会成本法和意愿调查法分别估算补偿标准的上、下限,为补偿标准提供一个上下浮动的空间。

7.2.4 补偿方式的选择

在补偿方式上不同的领域所采用的方式是不同的,现阶段常用的方式是现金补贴、建立基金、税收调节等。如现阶段已经开始实施的在农业、林业环境中,向"退耕还林还草"工程中退耕农户提供现金补偿,主要用于补偿农户的粮食损失和造林投入,相当于国外的 forestry premium(林业奖励)和 planting grant(造林补贴);或者可以由有影响力的企业或者个人出面设立公益基金,类似现阶段已有的"森林补偿基金"等,为林业资源提供保护和管理经费;此外,政府常常通过税收减免的方式鼓励个人或企业对环境保护做出贡献,如小排量机动车税收减免政策等。但健康领域的特殊性以及受损方、获益方的不确定性使得大气污染所造成的健康损害补偿不能照搬传统的补偿方式,必须与卫生保健系统的自身特点和机制相结合,建立一套环境健康损害所特有的补偿方式。

首先,在补偿资金筹集渠道上,应该由政府出台政策对市内排污量大的企业和排量超标的机动车征收环境健康保护税,同时政府还应根据财政状况下拨一部分专项资金共同用于对大气污染进行治理和对居民健康损失进行补偿。其次,在补偿资金的管理和运行上应该与现有的医疗保障机制相结合,在医保基金中专设环境健康保护基金,专门用于对大气污染所致健康终端疾病的患者进行补贴。最后,在补偿资金的分配上,患有该类疾病的患者可以向医保部门提交申请,由医院出具相关的疾病证明,经医保部门的鉴定后通过报销手续领取该类补贴。

综上所述,建立生态补偿机制就是要通过补偿机制的设定消除经济的负向外部性,进而在经济发展和社会进步过程中更深刻地体现公平公正的原则。进行生态补偿的关键和重点是确定补偿的利益相关方,即明确补偿的主客体、补偿的标准和补偿的方式。本书在对乌鲁木齐市大气污染所致居民健康经济损失测算的基础上,进一步提出了补偿的主客体和补偿标准、补偿方式(见表 7-1),以期为地方大气污染生态补偿方案的制定提供科学依据和参考。

表 7-1 大气污染所致健康损失补偿机制摘要

项　目	内　容
补偿主体	(1)国家、地方政府; (2)市内现有建材、火电、冶金、煤矿开采等企业; (3)机动车个人
补偿客体	有相关疾病,并产生了健康损失的居民

续 表

项　目	内　容
补偿标准	建议年筹资额不低于 165 716 万元
补偿方式	(1)在资金筹集上,征收环境健康保护税和由政府下拨专项资金相结合; (2)在运行管理中,在医保基金中专设环境健康保护基金,用于对大气污染相关疾病患者进行补贴; (3)在资金分配上,参照现有医保报销程序进行

7.3　政策保障机制

改革开放 40 余年来,我国经济持续增长,国内污染负荷连年居高不下,环境污染已经成为饱受国际世界关注的民生问题,事实证明,我国政府在节能减排方面多年来一直没有停止过探索和要求。在新时期,我国应进一步通过推进清洁能源使用、优化能源结构、调整能源布局等措施继续大力加强节能减排工作,将发展循环经济、加大污染物治理力度等工作纳入国家五年经济发展规划和宏观调控政策格局中,将其作为强化经济管理手段的重要内容之一,通过制定价格机制、财政税收等杠杆的调节手段建立激励机制,鼓励高耗能、高污染企业率先引入先进的仪器、设备和技术进行生产过程的清洁处理,从源头上减少工业企业污染物的排放给居民身体健康所带来的损失。

7.3.1　加强环境立法

利用法律手段约束企业、单位和个人对大气环境造成污染的行为是一种非常方便且非常有效的手段。依照法律法规对过量排放的行为进行惩处可以从另一方面督促过量排污的企业和个人关注污染物排放问题,现阶段已经成型的《中国 21 世纪议程》《中华人民共和国环境保护法》以及《中华人民共和国大气污染防治法》等法律条文中均对大气污染排放量的标准进行了严格的限制,同时《城市烟尘控制区管理办法》《汽车排气污染监督管理办法》等法规里也对违规排放企业和个人应受到的惩处进行了详细的规定。但现阶段这些法律法规条文尚没有对排污企业和个人起到严格的约束作用,对于法律的执行单位和监督管理部门职责分配尚不明确,因此法律法规的效力还没有全面体现。下一阶段应明确以上法律法规的监管执行单位,对于违反其中相关环境污染治理条例的行为进行严惩,追究法人或个人的法律责任,让违法超标排放污染的行为彻底消失。

7.3.2　加强城市大气污染的政府监督作用

环境问题现阶段已成为制约城市可持续发展的重要因素之一,其中以大气污染对城市居民的影响最为严重,地方政府应该慎重对待、高度重视,对大气污染问题进严格的监督和宏观调控。乌鲁木齐市政府应该联合环保等部门对市辖区内大气污染状况进行全面调研,并制定相关条例法规及检测标准。应加大大气污染的防控力度,在市内不同区域设立专门的环境监督领导小组,由政府领导、辖区企事业单位管理人以及部分群众代表组织,对于区域内大气污染状况进行定期检测,对辖区内高污染物企业排放物进行严格监督,一旦污染物排放超标立刻予以关停处理和限期整改。此外,自治区政府应联合环保部门对不同区域的大气污染状况进行实时通报,对大气污染数据进行公开,接受群众的实时监督和检验。

7.3.3 建立"政府-企业-社会"三位一体的共担机制

鉴于大气污染对人群健康的伤害性质,对于大气污染的治理应建立"政府-企业-社会"三位一体的共担机制。事实上,空气本身的公共物品性质决定了其具有非排他性与非竞争性,如果不动员全社会参与,就很容易造成"公地的悲剧",但是以公民个体为主要责任人显然是不合适的,以民间组织的形式也无法获得应有的重视,因此政府必须是大气污染治理的主要主体,承担最大的责任。重污染企业作为污染的外部成本承担者应当具有参与治理的责任。此外,鉴于空气是人类赖以生存的资源,每位公民都应成为大气污染治理的主体,现阶段仅仅依靠财政和征收环境税的手段是远不能填补污染损失的,因此还应广泛吸收社会资金,构建"政府-企业-社会"三位一体共同治理的格局,以全面促进大气污染治理工作。

7.4　本章小结

随着我国经济的高速发展,大气污染问题现阶段已引起了各方面的高度关注,由此导致的健康损失的相关研究也逐渐受到学术界的重视。众多的毒理、流行病学研究早已证明,大气污染物势必对人类健康产生各种不良影响,因此,估算由大气污染所造成的健康经济损失不仅有利于民众和政府更精确地把握环境治理成本,而且还可以为城市下一阶段健康可持续发展道路的选择和相关政策的制定提供科学依据和参考。乌鲁木齐市是大气污染比较严重的城市之一,尽管近年来通过各种手段使空气质量有所提升,但高耗能、高排放造成的大气污染依然十分严重,工业驱动型经济发展以及由此带来的生态环境破坏问题已经严重影响到了城市居民的健康状况。由于现阶段地方的社会经济发展尚离不开大规模的能源消耗,乌鲁木齐市以煤为主的能源开发、利用模式短期内也不可能发生质的转变,所以,在保障经济增长的同时,探讨如何通过调整能源结构控制污染源头和建立合理的健康补偿机制,切实减轻人民群众的健康经济负担,同时引导市区大气环境向好的方向转变,全面改善人民群众的身体健康状况才是下一阶段研究的重中之重。

第8章　存在的不足与下一阶段研究方向

8.1　存在的不足

本书中的研究受数据的可得性等客观因素制约,研究结果尚存在很大的不确定性,主要表现在以下几方面:①仅选取 PM_{10}、SO_2 和 NO_2 三种典型污染物作为评价对象,会造成测算结果的偏低;②污染物的阈值选取仍需进一步探讨,本书将将年暴露水平和美国癌症协会确定的污染物浓度下线作为阈值会低估污染物对居民健康产生的危害;③本书参考国内外研究结果并结合数据的可获得性将健康效应终端拟定为过早死亡、呼吸系统疾病、心血管系统疾病和儿童呼吸道哮喘,但尚有少量研究表明大气污染物还与消化系统、癌症等疾病发病有关,虽然致病机制尚不明确,但本书对于乌鲁木齐市居民大气污染健康经济损失的测算结果可能偏低;④数据的缺失(如本书仅选取了市内四家三甲医院的逐日入院数据)会给测算结果带来不确定性。笔者将依托本书中研究的前期成果,在后期进一步完善大气污染健康效应评价机制和测算方法,为科学制定大气污染策略提供有力支撑。

8.2　下一阶段研究方向

(1)进一步完善大气污染急性健康效应研究。补充现有资料,进一步研究典型城市大气污染与健康效应终端之间的暴露-反应关系,尤其是加强对总死亡率、呼吸内科门急诊、心血管内科门急诊以及住院率的研究,分析不同大气污染物对人体健康的影响,最终建立适合全国范围应用的健康效应模型。

(2)有条件地分步骤、分阶段开展大气污染全面健康效应研究。目前,包括本书的研究在内,国内大部分研究成果都是基于短期的大气污染急性健康效应研究,而国外研究结果表明,大气污染对居民的慢性健康效应远远大于急性健康效应,而长期的大气污染慢性效应研究还没有开展,如果条件成熟,应该开展大规模队列研究,评价大气污染对人体健康的慢性效应。

(3)事实上国内外大部分学者都关注到了环境污染所造成的健康经济损失领域并从不同角度和采用不同方法对相关的经济损失进行了测算,但是从什么角度采取什么方式对利益受损方进行补偿一直是学术理论研究的盲区。本书仅仅提出了一个健康损失的补偿框架,但是具体怎么补偿,补偿哪些疾病,不同疾病的补偿标准、补偿对象和补偿方式是什么,都有待进一步探讨。

　　(4)现阶段的大气污染已经对居民的生存环境和身体健康造成了严重的伤害,因此,建立一套区域能源与大气环境污染的宏观预警机制迫在眉睫。应对全市污染源进行监控系统管理,综合运用卫星遥感、地理信息等技术提供监测地区的企业污染物排放、交通运输污染物排放以及居民生活消费污染物排放情况并建立数据库,根据污染物排放的历史数据做出居民健康风险的预测模型,对不同大气污染状况所可能造成的居民健康风险进行早期预警。使各级政府和环保部门可以更加有目标、有重点地解决本辖区内的突发健康风险,协同医疗部门进行早期预防、早期干预,将可能对居民造成的健康风险降至最低。

参 考 文 献

[1] IPCC. Climate change：the IPCC scientific assessment[M]. Cambridge：Cambridge University Press，1990.

[2] IPCC. Climate change：impacts，adaptation and mitigation of climate change[M]. Cambridge：Cambridge University Press，1995.

[3] 杨洪斌，马雁军，张云海，等. 大气污染与健康损害研究综述[J]. 甘肃科技纵横，2005，34(1)：14 - 15.

[4] UNDP. Human development report 2006[M]. Oxford：Oxford University Press，2006.

[5] IPCC. Climate change 2001：summary for policymakers[M]. Cambridge：Cambridge University Press，2001.

[6] 陈静. "十一五"期间乌鲁木齐市环境空气质量现状及对策建议[J]. 环境研究与监测，2013(2)：60 - 62.

[7] 杜万平. 构建区域补偿机制促进西部生态建设[J]. 重庆环境科学，2001，23(5)：1 - 3.

[8] 章铮. 生态环境补偿费的若干基本问题[M]. 北京：中国环境科学出版社，1995.

[9] KATSOUYANNI K，TOULOUMI G，SAMOLI E，et al. Confounding and effect modification in the short-term effects of ambient particles on total mortality：results from 29 European cities within the APHEA2 project[J]. Epidemiology，2001，12(5)：521 - 531.

[10] FINCH C E，BELTRÁN - SÁNCHEZ H，CRIMMINS E M. Uneven futures of human lifespans：reckonings from gompertz mortality rates，climate change，and air pollution[J]. Gerontology，2014，60(2)：183 - 188.

[11] MINJEONG P，SHENG L，JAYMIN K，et al. Effects of air pollution on asthma hospitalization rates in different age groups in metropolitan cities of Korea[J]. Air Quality，Atmosphere and Health，2013，6(3)：543 - 551.

[12] MANNUCCI P M，HARARI S，MARTINELLI I，et al. Effects on health of air pollution：a narrative review[J]. Intern Emerg Med，2015，10(6)：657 - 662.

[13] STAFOGGIA M，CESARONI G，PETERS A，et al. Long - term exposure to ambient air pollution and incidence of cerebrovascular events：results from 11 European cohorts within the ESCAPE project [J]. Environmental Health Perspectives，2014，122(9)：919 - 925.

[14] LIM Y H，BAE H J，YI S M，et al. Vascular and cardiac autonomic function and $PM_{2.5}$ constituents among the elderly：a longitudinal study[J]. Sci Total Environ，2017，6(1)：607 - 608，847 - 854.

［15］ IVAN G A, LEONORA R B, HORACIO R R, et al. Cardiovascular and cerebrovascular mortality associated with acute exposure to $PM_{2.5}$ in Mexico city[J]. Stroke, 2018, 49(7): 1734 - 1736.

［16］ NIKI D, BOGDANOV D, STANKOVI A, et al. Impact of air pollution on the rate of hospital admission of children with respiratory diseases[J]. Vojnosanitetski Pregled, 2008, 65(11):814 - 819.

［17］ POPE C A, EZZATI M, CANNON J B, et al. Mortality risk and $PM_{2.5}$ air pollution in the USA: an analysis of a national prospective cohort[J]. Air Quality Atmosphere and Health, 2018,11 (3):245 - 252.

［18］ CHEN G B, WAN X, YANG G H, et al. Traffic - related air pollution and lung cancer: a meta - analysis[J]. Thoracic Cancer, 2015, 6(3):307 - 318.

［19］ MIN J Y, MIN K B. Exposure to ambient PM_{10} and NO_2 and the incidence of attention-deficit hyperactivity disorder in childhood[J]. EnvirInt, 2017,99:221 - 227.

［20］ GU X L, LIU Q J, DENG F R, et al. Association between particulate matter air pollution and risk of depression and suicide: systematic review and meta - analysis [J]. British Jpsychiatry, 2019(20): 1 - 12.

［21］ GROSSMAN G M, KRUEGER A B. Environmental impact of a North American free trade agreement[M]. Cambridge: NBER Working Paper, 1991.

［22］ SHAFIK N, BANDYOPADHYAY S. Economic growth and environmental quality: time series and cross country evidence[R]. Washington DC: The World Bank, 1992.

［23］ HIDEMICHI F, SHUNSUKE M. Economic development and multiple air pollutant emissions from the industrial sector [J]. Environmental Science and Pollution Research, 2016, 23(3): 2802 - 2812.

［24］ WANG L L, DING X M, WU X Y. Environmental Kuznets curve for pollutants emissions in China's textile industry: an empirical investigation[J]. International Journal of Environmental Technology and Management, 2014, 17(1):14 - 29.

［25］ NARAYAN P K, SABOORI B, SOLEYMANI A. Economic growth and carbon emissions[J]. Economic Modelling, 2016, 53: 388 - 397.

［26］ GEORGIEV E, MIHAYLOV E. Economic growth and the environment: reassessing the environmental Kuznets Curve for air pollution emissions in OECD countries[J]. Letters in Spatial and Resource Sciences, 2014, 55(10): 1016 - 1027.

［27］ YANG H S, HE J, CHEN S L. The fragility of the environmental Kuznets Curve: revisiting the hypothesis with Chinese data via an "extreme bound analysis"[J]. Environmental Science, 2015, 109(5):41 - 58.

［28］ SHUAI C, CHEN X, WU Y, et al. A three-step strategy for decoupling economic growth from carbon emission: empirical evidences from 133 countries[J]. Science of the Total Environment, 2019, 646: 524 - 543.

［29］ RIDKER R G. Economic costs of air pollution: studies in measurement[M]. New

York:Praeger, 1967.

[30] CANNON J S. The health costs of air pollution[M]. New York: American Lung Association, 1985.

[31] KNUT E R. Social costs of air pollution and fossil fuel use: a macroeconomic approach[J]. Statistic Norway, 1998, 6:92 - 98.

[32] TED B, MICHAEL P, PATRICIA G. Illness cost of air pollution[J]. Technical Report, 2000, 6:132.

[33] SMIL V. Pollution management discussion notes[R]. Washington DC: The World Bank, 1996.

[34] HEDLEY A J, MCGHEE S M, BARRON B, et al. Air pollution:costs and paths to a solution in Hong Kong—understanding the connections among visibility, air pollution, and health costs in pursuit of accountability, environmental justice, and health protection [J]. Journal of Toxicology and Environmental Health, 2008, 71(8): 544 - 554.

[35] AMBREY C L, FLEMING C M, CHAN A Y C. Estimating the cost of air pollution in south east queensland: an application of the life satisfaction non - market valuation approach[J].Ecological Economics,2014,97:172 - 181.

[36] KOICHIRO K, ZHANG S. Willingness to pay for clean air: evidence from air purifier markets in China[M]. Cambridge: NBER Working Paper, 2016.

[37] ZHANG J, MU Q. Air pollution and defensive expenditures: evidence fromparticulate—filtering facemasks[J]. Journal of Environmental Economics and Management, 2018, 92:517 - 553.

[38] LI S J, RAO D Y, ZAHUR N B, et al. Air pollution, health spending and willingness to pay for clean air in China[EB/OL]. (2017 - 08 - 23)[2021 - 04 - 17]. http://voxchina.org/show - 3 - 35, html.

[39] BEN G, ASTRID K, PAOLO M, et al. North versus south:energy transition and energy intensity in Europe over 200 years [J]. European Review of Economic History, 2007, 11(2):219 - 253.

[40] ROQUELAURE Y, HA C, FOUQUET N, et al. Attributable risk of carpal tunnel syndrome in the general population - implications for intervention programs in the workplace[J]. Scandinavian Journal of Work, Environment & Health, 2009, 28(5): 342 - 348.

[41] JAFAR Y, OTHMAR J, NOR A H S M. Energy consumption, economic growth and environmental pollutants in Indonesia[J]. Journal of Policy Modeling, 2012,6(34): 879 - 889.

[42] ZHANG X H, PAN H Y, CAO J, et al. Energy consumption of China's crop production system and the related emissions[J]. Renewable and Sustainable Energy Reviews, 2015,43(5):111 - 125.

[43] JAMES B. Economic development, pollutant emissions and energy consumption in Malaysia[J]. Journal of Policy Modeling, 2008,2(30):271 – 278.

[44] AL – MULALI U, SAB C N C. Energy consumption, pollution and economic development in 16 emerging countries[J]. Journal of Economic Studies, 2013,5(40): 686 – 698.

[45] MENYAH K, WOLDE – RUFAEL Y. Energy consumption, pollutant emissions and economic growth in South Africa[J]. Energy Economics, 2010,6(32):1374 – 1382.

[46] BILEN K, OZYUR1 O, BAKLRCL K, et al. Energy production, consumption, and environmental pollution for sustainable development: a case study in Turkey[J]. Renewable and Sustainable Energy Reviews, 2008,6(12):1529 – 1561.

[47] ACHEAMPONG A O. Economic growth, CO_2 emissions and energy consumption: what causes what and where? [J]. Energy Economics, 2018, 74: 677 – 692.

[48] OZCAN B, OZTURK I. Renewable energy consumption – economic growth nexus in emerging countries: a bootstrap panel causality test[J]. Renewable and Sustainable Energy Reviews, 2019, 104: 30 – 37.

[49] FLOROS N, VLACHOU A. Energy demand and energy – related CO_2 emissions in Greek manufacturing: assessing the impact of a carbon tax[J]. Energy Economics, 2005, 27(3): 387 – 413.

[50] EISENACK K, EDENHOFER O, KALKUHL M. Resource rents: the effects of energy taxes and quantity instruments for climate protection[J]. Energy Policy, 2012, 48: 159 – 166.

[51] AUBERT D, CHIROLEU – ASSOULINE M. Environmental tax reform and income distribution with imperfect heterogeneous labour markets[J]. European Economic Review, 2019, 116: 60 – 82.

[52] KACZAN D, SWALLOW B M. Designing a payments for ecosystem services (PES) program to reduce deforestation in Tanzania: an assessment of payment approaches [J]. Ecological Economics, 2013(95): 20 – 30.

[53] THUY P T, CAMPBELL B M, GARNETT S. Lessons for pro-poor payments for environmental services: an analysis of projects in Vietnam[J]. Asia Pacific Journal of Public Administration, 2009, 2(31): 117 – 133.

[54] GUPTA M. Willingness to pay for carbon tax: a study of Indian road passenger transport[J]. Transport Policy, 2016(45): 46 – 54.

[55] COSTA E, MONTEMURRO D, GIULIANI D. Consumers' willingness to pay for green cars: a discrete choice analysis in Ital[J]. Environment, Development and Sustainability, 2019(21): 2425 – 2442.

[56] 高军, 徐肇翊. 北京市大气污染与死亡率的关系[J]. 中国公共卫生, 1993, 15: 211 – 212.

[57] 程义斌, 金银龙, 王汉章, 等. 煤烟型大气污染对儿童呼吸系统疾病及症状影响研究

[J].卫生研究，2002，31(4):266－269.

[58] 常桂秋.北京市大气污染物与居民相关疾病死亡率关系的研究[J].中国公共卫生，2003，14(6):148－149.

[59] 周洪霞，蒋守芳，郭忠,等.唐山市大气污染对居民心血管疾病日门诊和日住院人数的影响[J].现代预防医学，2015，42(12):2138－2141.

[60] 赵颖，陈少贤.大气污染物浓度与呼吸系统疾病住院率相关性分析[J].中国社会医学杂志，2013，30(1):63－65.

[61] 周慧霞，谢俊卿，刘晓君,等.北京市丰台区大气 PM_{10} 与心血管疾病门诊量关系研究[J].环境与健康杂志，2013，30(11):984－987.

[62] 吴一峰，贺天锋，陆蓓蓓,等.不同大气污染物对社区上呼吸道门诊就诊人次数的影响[J].环境与职业医学，2015，32(10):909－913.

[63] 梁锐明，殷鹏，王黎君,等.中国7个城市大气 $PM_{2.5}$ 对人群心血管疾病死亡的急性效应研究[J].中华流行病学杂志，2017，38(3):283－289.

[64] XIE X，WANG Y，YANG Y，et al. Long－term effects of ambient particulate matter (with an aerodynamic diameter $\leqslant 2.5$ μm) on hypertension and blood pressure and attributable risk among reproductive－age adults in China[J]. J Am Heart Assoc，2018，7(9):1－11.

[65] 查旭东，王雯雯，王明宇,等.空气污染对妊娠期并发症的影响及其机制[J].第二军医大学学报，2019，40(5):567－572.

[66] 苏萌.天津市某社区居民对空气污染的风险认知及心理健康状况研究[D].天津:天津医科大学，2019.

[67] 范金，胡汉辉.环境 Kuznets 曲线研究及应用[J].数学的实践与认识，2002，32(6):944－951.

[68] 张云，中玉铭，徐谦.北京市工业废气排放的环境库兹涅茨特征及因素分析[J].首都示范大学学报(自然科学版)，2005，26(1):114－116.

[69] 周国富，杨加宁.煤炭消费、经济增长与废气排放:基于中国的实证研究[J].统计教育，2008(11):77.

[70] 彭水军，包群.经济增长与环境污染:环境库兹涅茨曲线假说的中国检验[J].财经问题研究，2006(8):78－79.

[71] 朱平辉，袁加军，曾五一.中国工业环境库兹涅茨曲线分析:基于空间面板模型的经验研究[J].中国工业经济，2010(6):25－26.

[72] 陈建强，帕塔木·巴拉提摘.新疆经济增长与大气质量的计量关系研究[J].新疆社科论坛，2009(4):78.

[73] 周曙东，张家峰，葛继红,等.经济增长与大气污染排放关系研究:基于江苏省行业面板数据[J].江苏社会科学，2010(4):56－57.

[74] 黄菁.环境污染与城市经济增长:基于联立方程的实证分析[J].财贸研究，2010(5):55.

[75] 徐盈之，王进.我国能源消费与经济增长动态关系研究:基于非参数逐点回归分析[J].

软科学,2013,27(8):1-5,10.

[76] 祁毓,卢洪友.污染、健康与不平等:跨越"环境健康贫困"陷阱[J].管理世界,2015(9):32-51.

[77] 王菲,杨雪,田阳,等.基于EKC假说的碳排放与经济增长关系实证研究[J].生态经济,2018,34(10):19-23.

[78] "公元2000年中国环境预测与对策研究"课题组.2000年中国环境预测与对策[M].北京:中国环境科学出版社,1990.

[79] 薛迎春,周悦先.大气污染危害人体健康造成经济损失评价[J].中国农业大学学报,2008,10(2):12-13.

[80] 桑燕鸿,周大杰,杨静,等.大气污染对人体健康影响的经济损失研究[J].生态经济,2010(1):178-179.

[81] 赵晓丽,范春阳,王予希,等.基于修正人力资本法的北京市空气污染物健康损失评价[J].中国人口·资源与环境,2014,24(3):169-176.

[82] 陈仁杰,陈秉衡,阚海东,等.我国113个城市大气颗粒物污染的健康经济学评价[J].中国环境科学,2010,30(3):410-415.

[83] "可持续发展指标体系"课题组.中国城市环境可持续发展指标体系研究手册:以三明市、烟台市为案例[M].北京:中国环境科学出版社,1999.

[84] 国家环保局.2000年中国环境状况公报[EB/OL].(2010-06-03)[2021-04-21].http://www.mep.gov.cn/gkml/hbb/qt/201008/t20100827_93813.htm.

[85] 黄德生.大气能见度价值评估方法与实证研究[D].北京:北京大学,2013.

[86] 谢杨,戴瀚程,花冈達也.$PM_{2.5}$污染对京津冀地区人群健康影响和经济影响[J].中国人口·资源与环境,2016,26(11):19-27.

[87] 曾贤刚,蒋妍.空气污染健康损失中统计生命价值评估研究[J].中国环境科学,2013,30(2):284-288.

[88] 曾先峰,王天琼,李印.基于损害的西安市大气污染经济损失研究[J].干旱区资源与环境,2015,29(1):105-110.

[89] 陈诗一,陈登科.雾霾污染、政府治理与经济高质量发展[J].经济研究,2018,53(2):20-34.

[90] 翟一然,王勤耕,宋媛媛.长江三角洲地区能源消费大气污染物排放特征[J].中国环境科学,2012(9):1574-1582.

[91] 任继勤,梁策,白叶.北京市终端能源消费与GDP及大气环境的关联分析[J].北京交通大学学报(社会科学版),2015(1):45-51.

[92] 魏一鸣,关大博,廖华,等.中国能源消费驱动因素的实证研究:基于投入产出的结构分解分析[J].数学的实践与认识,2011,41(2):66-77.

[93] 魏楚,沈满洪.结构调整能否改善能源效率:基于中国省级数据的研究[J].世界经济,2008(11):77-85.

[94] 高彩艳,连素琴,牛书文,等.中国西部三城市工业能源消费与大气污染现状[J].兰州大学学报(自然科学版),2014(2):240-244.

［95］ 马莉,叶强强.能源消费与经济增长关系的实证研究:以陕西省为例[J].经济地理, 2016,36(6):130 - 135.

［96］ 王来弟.经济增长、能源消耗对碳排放的影响[D].大连:东北财经大学,2018.

［97］ 马国顺,赵倩.雾霾现象产生及治理的演化博弈分析[J].生态经济,2014,30(8): 169 - 172.

［98］ 陈梦婕.雾霾治理的法律对策研究[D].北京:中央民族大学,2016.

［99］ 李英,于家琪.论我国雾霾治理的法律法规的完善[J].华北电力大学学报(社会科学版),2017(2):1 - 7.

［100］ 靳乐山.中国生态补偿[M].北京:经济科学出版社,2016.

［101］ 张同斌,张琦,范庆泉.政府环境规制下的企业治理动机与公众参与外部性研究[J].中国人口·资源与环境,2017,27(2):36 - 43.

［102］ 王晓莉,徐娜,王浩,等.地方政府推广市场化生态补偿式扶贫的理论作用与实践确认[J].中国人口·资源与环境,2018,28(8):105 - 116.

［103］ 牛晓叶,王必锋,曹志文.京津冀大气污染市场化生态补偿模式研究[J].会计师,2018(1):61 - 62.

［104］ 徐丽媛.生态补偿中政府与市场有效融合的理论与法制架构[J].江西财经大学学报,2018(4):111 - 122.

［105］ 徐群.大气污染正在破坏我国夏季风活动规律[J].科技导报,2003,7:13 - 15.

［106］ MENON S, HANSEN J, NAZARENKO L, et al. Climate effects of black carbon aerosols in China and India[J]. Science, 2002, 297:2250 - 2253.

［107］ 冯东霞.探究城市大气污染的原因及治理措施与新技术[J].城市建设理论研究(电子版),2014(19):791 - 792.

［108］ 何兴舟,杨儒道.室内燃煤空气污染与肺癌[M].昆明:云南科技出版社,1990.

［109］ 白志鹏,游燕.大气颗粒物污染与健康效应[C]//河北省环境科学学会-河北省环境科学学会环境与健康论坛暨 2008 年学术年会论文集.石家庄:河北科学技术出版社,2008:29 - 45.

［110］ 陈阿江,程鹏立."癌症-污染"的认知与风险应对:基于若干"癌症村"的经验研究[J].学海,2011(3):30 - 41.

［111］ 郑莉.环境污染导致健康损害调查技术规范研究[D].武汉:华中科技大学,2009.

［112］ 李湉湉,杜艳君,莫杨,等.我国四城市 2013 年 1 月雾霾天气事件中 PM$_{2.5}$ 与人群健康风险评估[J].中华医学杂志,2013,93(34):2699 - 2702.

［113］ 中国科学院学部.应对环境危机保障国民健康与生存[J].中国科学院院刊,2009,24(1):70 - 73.

［114］ 李钰.环境污染健康损害赔偿制度研究:以宁夏回族自治区为例[D].北京:中央民族大学,2012.

［115］ 张衍燊,马国霞,於万,等.2013 年 1 月灰霾污染事件期间京津冀地区 PM$_{2.5}$ 污染的人体健康损害评估[J].中华医学杂志,2013,93(34):2707 - 2710.

［116］ 朱一丹,郭新彪.环境流行病学研究中的伦理准则初探[J].环境与健康杂志,2013,

30(12):1117-1119.

[117] 谭强,顾春晖,刘移民,等.专门小组研究在空气污染流行病学研究中的应用[J].中华劳动卫生职业志,2011,29(12):950-952.

[118] 高鹏,张秀荣,李涛,等.浅析大气环境与健康、疾病的关系[J].油气田环境保护,2009,19(1):51-53.

[119] 夏彬.环境污染人群健康损害评估体系研究[D].武汉:华中科技大学,2011.

[120] 张应华,刘志全,李广贺,等.基于不确定性分析的健康环境风险评价[J].环境科学,2007,28(7):1409-1415.

[121] 刘风云,孙铮,唐小蕾,等.室内装修污染与儿童呼吸健康的相关性分析[J].现代预防医学,2012,39(13):3195-3196.

[122] 洪尚群,马丕京,郭慧光,等.生态补偿制度的探索[J].环境科学与技术,2001,24(5):40-43.

[123] 王双."拥湾战略"背景下实现青岛市可持续发展的人力资本对策研究[D].青岛:青岛大学,2010.

[124] 齐晔,蔡琴.可持续发展理论三项进展[J].中国人口·资源与环境,2010,20(4):110-116.

[125] 席成孝.可持续发展理论的两大认识误区及其根本出路[J].学术论坛,2007(3):113-118.

[126] 张月,林娜.生态马克思主义视角下的可持续发展理论对我国实施可持续发展战略的启示[J].北方文学,2013(12):244.

[127] 王勇.分析建筑施工中扬尘污染对人体健康的损害[J].城市建设理论研究(电子版),2012(35):1-3.

[128] 职锦,郭太龙,廖义善,等.非点源污染对人类健康影响的研究进展[J].生态环境学报,2010,26(6):1459-1464.

[129] 金泰廙,孔庆瑚,叶葶葶,等.镉致人体健康损害的环境流行病学研究[J].环境与职业医学,2002,19(1):10-16.

[130] 洪新如,孙庆华,宋岩峰,等.大气污染对心血管疾病影响及其机制的研究进展[J].中国心血管杂志,2008,13(3):223-226,164.

[131] 赵鑫,林刚,杜莹,等.大气颗粒物污染对儿童健康的影响[J].中国学校卫生,2008,29(11):1067-1069.

[132] 魏复盛.我国的环境污染及其健康危害[C]//中国工程院环境委员会.2005"环境污染与健康"国际研讨会论文集.北京:中国环境科学出版社,2005:2-13.

[133] 谭强.机动车尾气暴露对学龄儿童肺功能及炎症因子水平影响的研究[D].广州:中山大学,2009.

[134] 吴瑞肖.环境污染致健康损害的因果关系判定研究[D].武汉:华中科技大学,2009.

[135] 苗艳青.空气污染对人体健康的影响:基于健康生产函数方法的研究[J].中国人口·资源与环境,2008,18(5):205-209.

[136] 金福杰,佟敬军.抚顺市大气污染健康损失货币化研究[C]//中国工程院环境委员会.

2005"环境污染与健康"国际研讨会论文集.北京:中国环境科学出版社,2005:442-445.

[137] 王娜.两种大气污染物反应机理的理论研究[D].开封:河南大学,2014.

[138] KAN H D, CHEN B H.Research component of urban air pollution on the health effects of a 10-year review[J].Chinese Journal of Preventive Medicine,2002,36(1):59-61.

[139] 徐晓程,陈仁杰,阚海东,等.我国大气污染相关统计生命价值的meta分析[J].中国卫生资源,2013,16(1):64-67.

[140] 赵越.大气污染对城市居民的健康效应及经济损失研究[D].北京:中国地质大学,2007.

[141] 陈晓兰.大气颗粒物造成的健康损害价值评估[D].厦门:厦门大学,2008.

[142] 刘安平.环境污染与群体健康损害因果关系评定的研究[D].武汉:华中科技大学,2011.

[143] 梁二芳.基于大气扩散模式下的污染损失评价研究[D].大连:大连理工大学,2008.

[144] 陈晓兰.大气颗粒物造成的健康损害价值评估[D].厦门:厦门大学,2008.

[145] 窦晨彬.空气污染健康效应的经济学分析[D].成都:西南财经大学,2012.

[146] 邓福儿.热电联产对大气环境影响的效应分析[D].乌鲁木齐:新疆农业大学,2011.

[147] 谢鹏,刘晓云,刘兆荣,等.珠江三角洲地区大气污染对人群健康的影响[J].中国环境科学,2010,30(7):997-1003.

[148] 马洪群,崔莲花.大气污染物(SO_2、NO_2)对中国居民健康效应影响的meta分析[J].职业与健康,2016,32(8):1038-1044.

[149] 罗雷,栾荣生,袁萍,等.中国居民高血压病主要危险因素的meta分析[J].中华流行病学杂志,2003,24(1):50-53.

[150] ZHANG M S, SONG Y, CAI X H, et al. Economic assessment of the health effects related to particulate matter pollution in 111 Chinese cities by using economic burden of disease analysis [J]. Journal of Environmental Management, 2007, 88 (4): 947-954.

[151] 吕铃钥,李洪远.京津冀地区PM_{10}和$PM_{2.5}$污染的健康经济学评价[J].南开大学学报(自然科学版),2016,49(1):69-77.

[152] 中华人民共和国国家统计局.中国统计年鉴2019[M].北京:中国统计出版社,2019.

[153] 魏娇娜.沈阳市大气污染特征及对呼吸系统疾病的滞后效应分析[D].沈阳:中国医科大学,2018.

[154] 国家发展改革委建设部.建设项目经济评价方法与参数[M].3版.北京:中国计划出版社,2006.

[155] 中华人民共和国卫生部.中国卫生健康统计年鉴2019[M].北京:中国协和医科大学出版社,2019.

[156] 陈慧,王建生,尚琪,等.大气颗粒物污染对人群心脑血管疾病死亡急性效应的meta分析[J].环境与健康杂志,2013,30(5):417-421.

[157] 余君,王玉琦,秦新裕,等.云南省富源地区肺癌危险因素的 meta 分析[J].国际呼吸杂志,2012,32(15):1134-1138.

[158] 赵克明,李霞,卢新玉,等.峡口城市乌鲁木齐冬季大气污染的时空分布特征[J].干旱区地理,2014,37(6):1108-1118.

[159] 李霞,郭宇宏,卢新玉,等.乌鲁木齐市大气污染治理成效的综合评估分析[J].中国环境科学,2016(1):307-313.

[160] 中国人民共和国环境保护部.2015—2016 中国环境状况公报[EB/OL].(2016-06-01)[2021-01-03].https://www.mee.gov.cn/hjzl/sthjzk/zghjzkgb/201606/P020160602333160471955.pdf.

[161] 李军,吕爱华,李建刚."十一五"时期乌鲁木齐市大气污染特征及影响因素分析[J].中国环境监测,2014(2):14-20.

[162] 赵朋莉,魏疆,孙红叶.乌鲁木齐市大气污染物浓度与 GDP 耗煤量之间关系探讨[J].干旱环境监测,2011,25(1):9-12.

[163] 李坷,王燕军,王涛,等.乌鲁木齐市机动车排放清单研究[J].环境科学研究,2010,23(4):407-412.

[164] 魏疆,陈学刚,任泉,等.乌鲁木齐市能源结构调整对冬季大气污染物浓度的影响[J].干旱区研究,2015,32(1):155-160.

[165] 朱文玲,万旭荣,白雪,等.乌鲁木齐市环境空气质量现状及健康影响分析[J].环境卫生学杂志,2012,3:120-125.

[166] 吐尔洪江·玉素浦.乌鲁木齐市环境空气质量现状及污染因素分析[J].武汉大学学报,2005,4:114.

[167] 徐鸣,王建国.一次特大沙尘暴对乌鲁木齐市环境空气质量的影响分析[J].干旱环境监测,2002,3:139-141.

[168] 韩明霞,过孝民,张衍燊,等.城市大气污染的人力资本损失研究[J].中国环境科学,2006,26(4):509-512.

[169] 王文华.河南省居民慢性病调查与失能调整期望寿命分析[D].郑州:郑州大学,2006.

[170] 曹娟.兰州市大气污染与居民健康效应的时间序列研究[D].兰州:兰州大学,2010.

[171] 张秉玲,牛静萍,曹娟,等.兰州市大气污染与居民健康效应的时间序列研究[J].环境卫生学杂志,2011,1(2):1-6.

[172] 崔云霞.乌鲁木齐市环境空气质量现状及趋势分析[J].环境研究与监测,2003,1:75-76.

[173] 陈晓月.乌鲁木齐市大气污染特征与防治对策研究[D].乌鲁木齐:新疆医科大学,2010.

[174] 周枕戈,庄贵阳,陈迎.低碳城市发展水平评价:理论基础、分析框架与政策启示[J].中国人口·资源与环境,2018,28(6):160-169.

[175] 赵涛,于晨霞,潘辉.基于能源消耗周期的我国低碳城市发展模式研究[J].干旱区资源与环境,2017,31(9):20-25.

[176] 刘晨跃,高志刚.低碳背景下城市产业发展路径研究:以乌鲁木齐市为例[J].产业经济

评论,2014(5):100-109.

[177] 郑伯红,刘路云.基于碳排放情景模拟的低碳新城空间规划策略:以乌鲁木齐市西山新城低碳示范区为例[J].城市发展研究,2013,20(9):106-111.

[178] 韦淑坤.乌鲁木齐市环境空气质量现状分析[J].环境研究与监测,2007,2:28-30.

[179] 余朝毅.环境功能区划体系构建与应用[D].上海:上海交通大学,2013.

[180] 樊高源,杨俊孝.土地利用结构、经济发展与土地碳排放影响效应研究:以乌鲁木齐市为例[J].中国农业资源与区划,2017,38(10):177-184.

[181] 马文娟,蒲春玲,陈前利,等.低碳视角下乌鲁木齐市土地利用系统健康评价研究[J].环境科学与技术,2018,41(1):172-176.

[182] 方玉姣.乌鲁木齐市低碳城市发展水平中的政府绩效研究[D].乌鲁木齐:新疆农业大学,2015.

[183] 刘晨跃,高志刚.资源型城市碳排放库兹涅茨曲线研究:以乌鲁木齐市为例[J].资源与产业,2014,16(5):1-7.

[184] 王文全,朱新萍,郑春霞,等.乌鲁木齐市采暖期大气 PM_{10} 及 $PM_{2.5}$ 中 Cd 的形态分析[J].光谱学与光谱分析,2012,32(1):235-238.

[185] 石天戈,张小雷,杜宏茹,等.乌鲁木齐市居民出行行为的空间特征和碳排放分析[J].地理科学进展,2013,32(6):897-905.

[186] 韩芹芹,张克潭.乌鲁木齐市环境应急监测体系存在的问题及对策[J].中国环境监测,2013(2):86-90.

[187] 冯晓华,虞敬峰,孟晓敏,等.中国典型内陆城市环城游憩带的形成机制及可持续发展研究:以乌鲁木齐市为例[J].生态经济,2013(2):131-136.

[188] 廖银念,苏玉红,艾尼瓦尔·买买提,等.乌鲁木齐市空气污染成因及防治对策探讨[J].湖北农业科学,2011,50(21):4378-4380.

[189] 徐肇翊,金福杰.辽宁城市大气污染造成的居民健康损失及其货币化估计[J].环境与健康杂志,2003,20(2):67-71.

[190] 谢元博,陈娟,李巍.雾霾重污染期间北京居民对高浓度 $PM_{2.5}$ 持续暴露的健康风险及其损害价值评估[J].环境科学,2014,35(1):1-8.

[191] 金银龙,何公理,刘凡,等.中国煤烟型大气污染对人群健康危害的定量研究[J].卫生究,2002,31(5):342-348.

[192] 谢元博,李巍.基于能源消费情景模拟的北京市主要大气污染物和温室气体协同减排研究[J].环境科学,2013,34(5):2057-2064.

[193] 赵越.大气污染对城市居民的健康效应及经济损失研究[D].北京:中国地质大学,2007.

[194] 常桂娟.北京市大气污染物与居民相关疾病死亡率关系的研究[J].中国公共卫生,2003,14(6):148-149.

[195] 杨敏娟,潘小川.北京市大气污染与居民心脑血管疾病死亡的时间序列分析[J].环境与健康杂志,2008(4):294-297.

[196] POPE C A, EZZATI M, CANNON J B, et al. Mortality risk and $PM_{2.5}$ air pollution

in the USA: an analysis of a national prospective cohort[J]. Air Quality Atmosphere and Health, 2008, 11(3): 245 - 252.

[197] 陈娟, 李巍, 程红光, 等. 北京市大气污染减排潜力及居民健康效益评估[J]. 环境科学研究, 2015, 28(7): 1114 - 1121.

[198] HARNNDAR B. An efficiency approach to managing mississippi's marginal land based on the conservation reserve program [J]. Resource, Conservation and Recycling, 2001(26): 15 - 24.

[199] DRECHSLER M, WATZOLD F. The importance of economic costs in the development of guide lines for spatial conservation management [J]. Biological Conservation, 2001(97): 51 - 59.

[200] JOHST K, DRECHSLER M, WATOZLOD F. An ecological - economic modeling procedure to design compensation payments for the efficient spatio - temporal allocation of species protection measures [J]. Ecological Economics, 2002, 41: 37 - 49.

[201] WU J J, BRUCE A. Babcock relative efficiency of voluntary versus mandatory environmental regulations [J]. Journal of Enviromnental Economics and Managtnent, 1999, 38: 158 - 175.

[202] 于明, 谢元博. 协同应对气候变化与雾霾污染[J]. 世界环境, 2014(6): 78 - 79.

[203] 谢元博, 李巍. 基于能源-环境情景模拟的北京市大气污染对居民健康风险评价研究[J]. 环境科学学报, 2013, 33(6): 1763 - 1770.

[204] 遆曙光. 基于 LEAP 模型的河南省居民生活能源与环境情景分析[D]. 郑州: 河南农业大学, 2010.

[205] 刘金平. 矿区直接环境成本评估[J]. 能源与环境保护, 2003, 17(1): 21 - 22.

[206] 张雅婧. 城市交通性污染研究及其对成人呼吸系统健康的影响分析[D]. 天津: 天津大学, 2011.

[207] 李宁. 长江中游城市群流域生态补偿机制研究[D]. 武汉: 武汉大学, 2018.

[208] 王越. 英国空气污染防治演变研究(1921 — 1997)[D]. 西安: 陕西师范大学, 2018.

[209] 吴瑞肖. 环境污染致健康损害的因果关系判定研究[D]. 武汉: 华中科技大学, 2009.

[210] 苏苹, 彭秀健. 环境与健康[J]. 人口学刊, 2001(4): 48 - 52.

[211] 李冬梅. 美国《综合环境反应、赔偿和责任法》上的环境民事责任研究[D]. 长春: 吉林大学, 2008.

[212] 刘利, 周永章, 卢强, 等. 基于人群健康的污染产业转移环境效应研究: 以广东省陶瓷行业为例[J]. 生态环境学报, 2012 (9): 1580 - 1587.

[213] 叶晗. 内蒙古牧区草原生态补偿机制研究[D]. 北京: 中国农业科学院, 2014.

[214] 陈自娟. 基于水环境承载力的滇池流域生态补偿机制研究[D]. 昆明: 云南大学, 2016.

[215] 孔德帅. 区域生态补偿机制研究[D]. 北京: 中国农业大学, 2017.

[216] 张春梅. 绿色农业发展机制研究[D]. 长春: 吉林大学, 2017.

[217] 胡振通. 中国草原生态补偿机制[D]. 北京: 中国农业大学, 2016.

[218] 熊瑶. 城市公立医院补偿机制改革的实证研究[D].广州:南方医科大学,2016.

[219] 刘晓莉. 我国市场化生态补偿机制的立法问题研究[J]. 吉林大学社会科学学报,2019,59(1):47 - 53,220.

[220] 吴乐,孔德帅,靳乐山. 中国生态保护补偿机制研究进展[J]. 生态学报,2019,39(1):1 - 8.

[221] 王姗姗,王莹,魏遥,等. 经济与生态环境耦合协调发展水平研究:以安徽省为例[J]. 廊坊师范学院学报(自然科学版),2021,21(1):56 - 61.

[222] 王平乐,白志杰. 建立和完善河北水土保持生态补偿机制研究:以京津冀区域间水土保持生态补偿为例[J]. 统计与管理,2021,36(5):94 - 98.

[223] 普丽,尚晋晔,吉惠. 医疗保险费用的影响因素和控制对策研究[J]. 商讯,2021(11):149 - 150.

[224] 韦然. 流域生态补偿制度的经济法研究:基于咸宁市陆水流域生态补偿的实证调研分析[J]. 经济师,2021(4):70 - 71,77.

[225] 李情,刘艳,莫明浩,等. 流域生态服务价值量化研究综述[J]. 水土保持应用技术,2021(2):54 - 57.

[226] 居桦,杨新华,居占杰. 海洋生态文明建设机制创新研究:基于广东的分析[J]. 科技经济导刊,2021,29(10):110 - 112.

[227] 谢婧,文一惠,朱媛媛,等. 我国流域生态补偿政策演进及发展建议[J]. 环境保护,2021,49(7):31 - 37.

[228] 王秀卫. 海洋生态环境损害赔偿制度立法进路研究:以《海洋环境保护法》修改为背景[J]. 华东政法大学学报,2021,24(1):76 - 86.

[229] 李亚菲. 南水北调中线水源区生态补偿问题与对策研究:以陕西省为例[J]. 西安财经大学学报,2021,34(2):81 - 90.

[230] 高玉娟,王媛,宋阳. 中国与哥斯达黎加森林生态补偿比较及启示[J]. 世界林业研究,2021,52(3):1 - 6.

[231] 耿鹏鹏,罗必良. "约束"与"补偿"的平衡:农地调整如何影响确权的效率决定[J]. 中国农村观察,2021(2):61 - 80.

[232] 庞洁,靳乐山. 湿地生态效益补偿机制研究:以鄱阳湖区为例[J]. 生态与农村环境学报,2021(4):456 - 464.

[233] 张志敏,贾立斌,王嘉运. 生态不平等交换对横向生态补偿的启示[J]. 中国国土资源经济,2021,34(7):26 - 31.